国内外食品中农药残留检测方法验证指南及标准方法案例

王建华　李立　主编

中国海洋大学出版社
·青岛·

图书在版编目(CIP)数据

国内外食品中农药残留检测方法验证指南及标准方法案例 / 王建华，李立主编. —— 青岛 ：中国海洋大学出版社，2021.5

ISBN 978-7-5670-2837-1

Ⅰ. ①国… Ⅱ. ①王… ②李… Ⅲ. ①食品污染—农药残留量分析—案例 Ⅳ. ①TS207.5

中国版本图书馆 CIP 数据核字(2021)第 104278 号

国内外食品中农药残留检测方法验证指南及标准方法案例

出版发行	中国海洋大学出版社
社　　址	青岛市香港东路 23 号　**邮政编码**　266071
网　　址	http://pub.ouc.edu.cn
出 版 人	杨立敏
责任编辑	王积庆
电　　话	0532－85902349
电子信箱	wangjiqing@ouc-press.com
订购电话	0532－82032573(传真)
印　　制	日照报业印刷有限公司
版　　次	2021 年 8 月第 1 版
印　　次	2021 年 8 月第 1 次印刷
成品尺寸	170 mm×240 mm
印　　张	11
字　　数	231 千
印　　数	1—2100
定　　价	39.00 元

如发现质量问题，请致电 0633－8221365，由印刷厂负责调换。

前言

食品中农药残留检测方法是食品安全分析方法体系的重要组成部分，食品安全问题中农药残留不合格问题数量在国家和各地市场监督管理部门监督抽检过程中排名前三位，国际贸易过程中，食品农药残留超标也是排在前列的问题；要想检测的结果准确可靠，既要使用的食品中农药残留常规检测方法准确、可靠，又要有完善的质量控制体系，这样才能为食品安全和国际贸易顺畅提供保障。

本书旨在提供国内外食品农药残留检测方法的方法验证的指南和具体做法，以及典型的检测方法，为农药残留检测实验室检测机构开展检测和实验室监管机构认可和资质认定提供理论和实践参考依据。

本书对中国（包括大陆、台湾地区、香港地区）、国际食品法典委员会，以及我国重要的贸易伙伴如欧盟、日本、韩国、印度等的食品中农药残留的检测方法验证的指南、具体做法以及典型的检测方法进行筛选、编译和整理，并对这些方法验证的指南出台背景和更新的过程进行了介绍。本书编译者来自中国检验检疫科学研究院和青岛海关技术中心，在食品中农药残留等食品安全的检测和相关研究领域从事30余年，熟悉食品中农药残留的检测方法验证要求，并有过相关标准检测方法的制定、修订工作经历；考虑到读者的广泛性，编译者结合多年来在农药残留检测领域的理论和实践经验，编译时遵循汉语的表达习惯，避免直接翻译（特别是专业术语），努力使本书成为既符合原文语义又符合中文阅读习惯的实用专业参考书。

本书适用于从事农药残留等食品安全分析的各类检测机构的检验人员阅读，也可作为食品分析和食品安全检测专业的参考书。由于时间仓促和水平所限，本书难免有不当之处，敬请读者指正。

王建华　李立

2021年3月

目录

1　中国的农药残留检测方法质量控制指南

为了统一规范农药残留检测方法标准制修订工作，经第一届国家农药残留标准审评委员会第十二次会议审议通过，农业部于2016年4月11日发布施行农业部公告2386号《农药残留检测方法国家标准编制指南》。

1.1 《农药残留检测方法国家标准编制指南》

1.1.1 概述

为保证农药残留检测方法标准的科学性、先进性和适用性，参考GB/T1.1－2009《标准化工作导则第1部分：标准的结构和编写》、GB/T20001.4－2001《标准编写规则第4部分：化学分析方法》、GB/T27404－2008《实验室质量控制规范食品理化检测》、SN/T0005－1996《出口商品中农药、兽药残留量及生物毒素生物检验方法　标准编写的基本规定》、国际食品法典委员会(CAC)的相关规定，编制《农药残留检测方法国家标准编制指南》，作为农药残留检测方法标准编制的技术依据。

1.1.2 适用范围

本指南适用于食品安全国家标准植物源性食品中农药残留检测方法标准的编制，其他农产品，包括畜产品、水产品，以及食品中农药残留检测方法标准的编写可参照本指南。

本指南中植物源性食品是指《用于农药最大残留限量制定的作物分类》(农业部公告第1490号公布)所列作物对应的农产品。

1.1.3 基本要求

(1)符合GB/T1.1－2009和GB/T20001.4－2001的要求。

(2)文字表达结构严谨、层次分明、用词准确、表述清楚，不致产生歧义。术语、符号统一，计量单位以法定计量单位表示。

(3)农药残留检测方法技术指标符合附录A的要求。

1.1.4 标准的结构

(1)资料性概述要素：封面、前言、引言。

(2)规范性一般要素：标准名称、警告、范围、规范性引用文件。

(3)规范性技术要素：原理、试剂与材料、仪器和设备、抽样、试样制备、分析步骤、结果计算、精密度、图谱、质量保证和控制。

(4)资料性补充要素：资料性附录。

(5)规范性补充要素：规范性附录。

封面、前言、标准名称、范围、试剂与材料、仪器和设备、试样制备、分析步骤、结果计算、精密度和图谱为必备要素，其他为可选要素。

1.1.5 资料性概述要素

1.1.5.1 封面要求

(1)封面标明以下信息:标准名称、英文译名、标志、编号、国际标准分类号(ICS号)、中国标准文献分类号、发布日期、实施日期、发布部门(中华人民共和国卫生部、中华人民共和国农业部)等。

(2)如果代替了某个或几个标准,封面上标明被代替标准的编号。

(3)如果采用了国际组织标准,按照GB/T20000.2的规定标明一致性程度。

1.1.5.2 前言内容

(1)结构说明。

(2)代替情况说明,标明被代替标准或文件的编号和名称,列出与前一版本相比主要技术变化。

(3)与国际组织或其他国家的标准关系说明,与国际标准一致性程度按等同(IDT)、修改(MOD)和非等效(NEQ)表述;以其他国家的标准为基础形成的标准,表明与相应标准的关系。

(4)代替标准的历次版本发布情况。

1.1.6 规范性一般要素

1.1.6.1 标准名称

标准名称一般由引导要素、主体要素和补充要素组成。

(1)引导要素为“食品安全国家标准”。

(2)主体要素为产品的名称和检测对象,

(3)补充要素为检测方法,名称统一为紫外/可见分光光度法、原子吸收分光光度法、气相色谱法、液相色谱法、气相色谱—质谱联用法和液相色谱—质谱联用法等。

示例:

——食品安全国家标准　植物性食品中多菌灵残留量的测定　液相色谱法

——英文译名表述方式为Determination of……

1.1.6.2 警告

(1)应用黑体标注对健康或环境有危险或危害的分析产品、所用试剂或分析步骤及其注意事项。

(2)属于一般性提示或来自所分析产品的危险在范围前标出;来自特殊试剂或材料的危险在试剂或材料名称后标出;属于分析步骤固有的危险在“分析步骤”一章的开始标出。

1.1.6.3 范围

(1)明确该标准检测的产品范围和被检测的农药名称及检测方法。用“本标准规定了【农产品】中【农药名称】残留量【检测方法】”表述。多残留检测可用附录形式列出所有农药的中、英文名称。

(2)明确检测方法的适用界限。用“本标准适用于【农产品】中【农药名称】残留的定性鉴定/定量测定”表述。

(3)标明检测方法的定量限,如为多残留检测,应列表表示,参见附录C。

1.1.6.4 规范性引用文件

如果标准中有规范性引用文件,在该章中列出所引用文件的清单,并用下述引导语引出:

下列文件对于本文件的应用是必不可少的。凡是注日期的引用文件,仅注日期的版本适用于本文件。凡是不注日期的引用文件,其最新版本(包括所有的修改单)适用于本文件。

1.1.7 **规范性技术要素**

1.1.7.1 原理

指明检测方法的基本原理、方法特征和基本步骤。

1.1.7.2 试剂与材料

(1)本章用下列导语开头:“除非另有说明,在分析中仅使用确认为符合残留检测要求等级的试剂和符合GB/T6682一级的水。”

(2)列出检测过程中使用的所有试剂和材料及其主要理化特性(浓度、密度等)。除了多次使用的试剂和材料,仅在制备某试剂中用到的不应列在本章中。

(3)试剂和材料按下列顺序排列:

①以市售状态使用的产品(不包括溶液),注明其形态、特性(如化学名称、分子式、纯度、CAS号),带有结晶水的固体产品标明结晶水。

②溶液或悬浮液(不包括标准滴定溶液和标准溶液),并说明其含量;

注:如果溶液由一种特定溶液稀释配制,按下列方法表示:

——“稀释$V_1 \rightarrow V_2$”表示,将体积为V_1的特定溶液稀释为体积为V_2的溶液;

——“$V_1 + V_2$”表示,将体积为V_1的特定溶液加到体积为V_2的溶剂中。

③标准溶液和内标溶液,说明配制方法。

注1:质量浓度表示为g/L,或其分倍数表示,如毫克每升(mg/L)。

注2:注明有效期和贮存条件。

④指示剂。

⑤辅助材料(如干燥剂、固相萃取柱等)。

示例：

除非另有说明，本方法所用试剂均为色谱纯，水为 GB/T6682 规定的实验室一级水。

a)试剂：

ⓐ氯化钠(NaCl)；

ⓑ乙腈(CH_3CN)；

ⓒ甲醇(CH_3OH)。

b)试剂配制：

ⓐ氯化钠溶液(20g/L)：称取 20g 氯化钠，加水溶解，用水定容至 1000 mL，摇匀。

ⓑ甲醇溶液(80＋20)：量取 80 毫升甲醇加入 20 毫升水中，混匀。

c)标准品：

咖啡因标准品($C_8H_{10}N_4O_2$，CAS 号：58－08－2)：纯度≥99％。

d)标准溶液配制：

ⓐ咖啡因标准储备液(2.0 mg/mL)：准确称取咖啡因标准品 20.0 mg 于 50 mL烧杯中，用甲醇溶解，转移到 10 mL 容量瓶中，用甲醇定容。放置于 4 ℃冰箱可保存半年。

ⓑ咖啡因标准中间液(200 μg/mL)：准确吸取 5.0 mL 咖啡因标准储备液于 50 mL 容量瓶中，用水定容。放置于 4 ℃冰箱可保存一个月。

1.1.7.3 仪器和设备

应列出在分析过程中所用主要仪器和设备的名称及其主要技术指标。仪器设备的排列顺序一般为分析仪器、常用仪器或设备。

注：编写时不应规定仪器或设备的厂商或商标等内容。

1.1.7.4 试样制备

应具体写明实验室样品缩分、试样制备过程(如取样量、研磨、干燥、匀浆等)、试样特性(如粒度、质量或体积等)和试样贮存容器材料与特性(如类型、容量、气密性)以及贮存条件。试样制备和贮存参见附录 B。

1.1.7.5 分析步骤

不同检测项目试料的处理方法不同，在编写时应注意写清每一个步骤，通常使用祈使句叙述试验步骤，以容易阅读的形式陈述有关试验。

(1)提取：

应明确以质量或体积表示试样的称量。

应写明提取剂的名称、用量、提取方式，以及收集容器的名称和浓缩条件。

(2)净化：

应写明所用净化材料和净化步骤，以及收集容器的名称、浓缩条件、定容方式和定容体积等。

(3)衍生化：

如方法需要衍生化，应写明衍生化步骤。

(4)仪器参考条件：

应注明检测技术参数及操作条件。

示例1：

气相色谱法：应写明色谱柱规格和型号、检测器温度、进样口温度、色谱柱温度、进样方式、进样体积、气体类型和纯度、流速等信息。

示例2：

气相色谱—质谱联用法：应写明色谱柱规格和型号、进样口温度、检测器温度、色谱柱温度、进样方式、进样体积、气体类型和纯度、流速、离子源温度、接口温度和质谱检测模式等信息。

示例3：

液相色谱法：应写明色谱柱规格和型号、色谱柱温度、检测波长(紫外、荧光)、流动相、流速、进样体积和梯度洗脱条件等信息。

示例4：

液相色谱—质谱联用法：应写明色谱柱规格和型号、流动相、流速、进样体积、梯度洗脱条件、离子源类型、毛细管电压、毛细管温度、雾化气流量、碰撞气类型、检测方式等信息，多反应监测条件应列表给出。

(5)标准工作曲线：

应写明标准工作曲线绘制过程。

(6)测定：

单点校正法应规定标准溶液和待测溶液进样顺序。标准工作曲线法应规定待测组分的响应值应在仪器检测的定量测定范围之内。对需要进行平行测定的，应予以明确规定。对于质谱检测，应写明定性和定量判定的依据。

(7)空白试验：

不加试料或仅加空白试样的空白试验应采用与试样测定完全相同的试剂、设备和步骤等进行。

1.1.7.6　结果计算

表示测定结果时，应注明是以何种残留物进行计算。农药残留量以质量分数 ω 计，数值用毫克每千克(mg/kg)或毫克每升(mg/L)表示，并写出计算公式，格式按 GB/T1.1—2009 中 8.8 规定执行。计算公式应以量关系式表示，公式后要标明编号,标准中有一个公式也要编号,编号从(1)开始。量的符号一律用斜体,应给出计算结果的有效数位,计算结果一般不少于两位有效数字。

示例:

试料中被测农药残留量以质量分数 ω 计,数值以毫克每千克(mg/kg)表示,按公式(1)计算。

$$\omega=\frac{V_1\times A_i\times V_3}{V_2\times A_{si}\times m}\times\rho \qquad (1)$$

式中,

ρ——标准溶液中农药的质量浓度,单位为毫克每升(mg/L);

A_i——样品溶液中被测 i 组分的峰面积;

A_{si}——农药标准溶液中被测 i 组分的峰面积;

V_1——提取溶剂总体积,单位为毫升(mL);

V_2——吸取出用于检测用的提取溶液的体积,单位为毫升(mL);

V_3——样品溶液定容体积,单位为毫升(mL);

m——试料的质量,单位为克(g);

计算结果保留两位有效数字,当结果大于 1 mg/kg 时保留三位有效数字。

1.1.7.7 精密度

(1)在重复性条件下,两次独立测定结果的绝对差不大于重复性限(r),重复性限(r)的数据见附录 E。

(2)在再现性条件下,两次独立测定结果的绝对差不大于再现性限(R),再现性限(R)的数据见附录 F。

1.1.7.8 图谱

应给出标准组份的谱图。

注:色谱峰用阿拉伯数字顺序排列,并在图下方表明每个阿拉伯数字所代表的组份,同时应标出标准溶液的质量浓度。

1.1.7.9 其他

除以上技术内容外,还可根据检测方法的特点和需要,合理编写其他技术内容和关键技术,如对特殊情况的说明、试验报告、有关图表等。

1.1.8 资料性附录

提供有助于标准理解或使用的附加信息,作为资料性附录。

1.1.9 规范性附录

当标准中的某部分应执行的内容放在标准正文中影响标准结构时,可将这部分放在正文的后面,作为规范性附录。

1.2 附录A

植物源性食品中农药残留检测方法编制技术要求

1.2.1 基质材料

检测范围为植物源性食品的，在制定过程中基质材料选择应包括：

——谷物：糙米、小麦、玉米等。

——油料：大豆或花生。

——蔬菜及制品：结球甘蓝、芹菜、番茄、茄子、马铃薯、萝卜、菜豆、韭菜等。

——水果及制品：苹果或梨、桃或杏、葡萄、柑橘等。

——坚果：杏仁或核桃。

——食用菌。

——植物油。

——茶叶。

——香辛料。

——其他。

检测范围为某类植物源性食品时，基质材料选择应包括该类所列所有品种。

1.2.2 方法性能与质量控制

1.2.2.1 提取效果

方法试验中，应进行提取效果的验证，可用以下方法进行试验：

——用阳性的标准物质或能力验证的样品进行试验；

——阳性样品或添加样品用同一溶剂反复提取，观察被分析物浓度变化；

——用不同提取技术或不同提取溶剂进行比较。

1.2.2.2 方法的特异性

方法的特异性是指在确定的分析条件下，分析方法检测和区分共存组分中目标化合物的能力。要说明该方法检测信号仅与被检组分有关，与其他化合物无关。说明采用的分析技术需要克服任何可预见的干扰，特别是来自基质组分的干扰。

确定特异性的方法：

(1)一般应对具有代表性的空白基质和空白基质添加被测组分的样品，按照确定的样品前处理方法处理后进行分析，考察基质中存在的物质是否对被测组分存在干扰。

(2)存在干扰峰时：

①定量限小于或等于限量值的 1/3 时，干扰峰的容许范围小于相当于限量值浓度峰的 1/10；

②定量限大于限量值的 1/3 时，干扰峰的容许范围小于相当于定量限浓度峰的 1/3。

确证方法可采用：

——不同极性或类型色谱柱确证；

——气相色谱-质谱法；

——液相色谱-质谱法；

——其他。

1.2.2.3　标准工作曲线

校准曲线的工作范围，其浓度范围尽可能覆盖二个数量级，至少做 5 个点(不包括空白)，包括定量限、最大残留限量或 10 倍定量限。对于筛选方法，线性回归方程的相关系数不低于 0.98，对于确证方法，相关系数不低于 0.99。测试溶液中被测组分浓度应在校准曲线的线性范围内。应列出标准校准曲线方程、相关系数，必要时应给出色谱图。

1.2.2.4　正确度

方法的正确度是指所得结果与真值的符合程度，农药残留检测方法的正确度一般用回收率进行评价。回收率试验一般应做三个水平添加，添加水平为：

——对于禁用物质，回收率在方法定量限、两倍方法定量限和十倍方法定量限进行三水平试验；

——对于已制定 MRL 的，一般在 1/2MRL、MRL、2 倍 MRL 三个水平各选一个合适点进行试验，如果 MRL 值是定量限，可选择 2 倍 MRL 和 10 倍 MRL 两个点进行试验；

——对于未制定 MRL 的，回收率在方法定量限、常见限量指标、选一合适点进行三水平试验。

每个水平重复次数不少于 5 次，计算平均值。回收率参考范围见表 1.2.1。

表 1.2.1　不同添加水平对回收率的要求

添加水平(mg/kg)	范围(%)	相对标准偏差(%)
≤0.001	50～120	≤35
>0.001≤0.01	60～120	≤30
>0.01≤0.1	70～120	≤20
>0.1≤1	70～110	≤15
>1	70～110	≤10

制作添加样品时，使用新鲜的食品，均一化并称量后添加农药。

注 1：添加的农药标准溶液总体积应不大于 2 mL。

注 2：农药等添加后，充分混合，放置 30 min 后再进行提取操作。

注 3：检测时间需要数日时，将均一化的样品冷冻保存，避免多次冻结以及融解，检测实施日当日制作添加样品。

1.2.2.5　精密度

精密度：在规定条件下，独立测试结果间的一致程度。

注：其量值用测试结果的标准差来表示。

方法的精密度包括重复性和再现性：

(1)重复性：在同一实验室，由同一操作者使用相同设备、按相同的测试方法，并在短时间内从同一被测对象取得相互独立测试结果的一致性程度。

每种试材都应做重复性试验，重复性要做三个水平的试验，添加水平同回收率，每个水平重复次数不少于 5 次。实验室内相对标准偏差符合表 1.2.2 的要求。

注：重复性试验应按照样品处理方法获得添加均匀的试样，再对试样进行独立 5 次以上分析。

表 1.2.2　实验室内相对标准偏差

被测组分含量(mg/kg)	相对标准偏差(%)
≤0.001	≤36
＞0.001≤0.01	≤32
＞0.01≤0.1	≤22
＞0.1≤1	≤18
＞1	≤14

(2)再现性：在不同实验室，由不同操作者按相同的测试方法，从同一被测对象取得相互独立测试结果的一致性程度。

试验应在不同实验室间进行，实验室个数不少于 3 个(不包括标准起草单位)。再现性做三个添加水平试验，其中一个添加水平必须是定量限，添加水平同重复性，每个水平重复次数不少于 5 次。实验室间相对标准偏差应符合表 1.2.3的要求。

表 1.2.3 实验室间相对标准偏差

被测组分含量(mg/kg)	相对标准偏差(%)
≤0.001	≤54
>0.001≤0.01	≤46
>0.01≤0.1	≤34
>0.1≤1	≤25
>1	≤19

1.2.2.6 定量限

定量限是指可以进行准确定性和定量测定的最低水平,在该水平下得到的回收率和精密度应满足表 1.2.1 和表 1.2.2 的要求。

注:添加标准溶液质量浓度得到的信噪比一般为 10。

1.2.2.7 验证试验

验证项目包括方法使用的所有基质材料的回收率、精密度和定量限。

1.3 附录B

样品制备

1.3.1 样品预处理

根据农药最大残留限量定义的作物部位,可按以下方法处理样品:

——对于个体较小的样品,去掉核、壳等,取出可食部分。

——对于个体较大的基本均匀样品,可沿对称轴或对称面上分割或切成小块。

——对于细长、扁平或组分含量在各部分有差异的样品,可在不同部位切取小片或截成小段。

——对于果皮可食的样品,取全果;对于果皮不可食的样品,取果肉。

——对于谷类和豆类等粒状、粉状或类似的样品,应堆成圆锥体—压成扁平形—划两条交叉直线分成四等分—取对角部分进行缩分,或用分样器等其他方法进行缩分。

经上述处理后的样品采取适当的方法进行混合。

注1:上述样品预处理方法如果与GB2763《食品安全国家标准食品中农药最大残留限量》附录A中相关的内容有冲突,应按照附录A中规定的方法处理。

注2:样品预处理的量,应根据相应产品标准的规定执行。

1.3.2 试样制备

不同试样可按以下方法制备:

——谷类、油料:将样品粉碎混匀,使其全部可以通过425 μm的标准网筛。

——蔬菜、水果:切碎混匀后均一化制成匀浆。

——食用菌:新鲜的食用菌按蔬菜、水果处理;干制品按谷类处理。

——茶叶、脱水制品:将样品粉碎混匀,使其全部可以通过425 μm的标准网筛。

——香辛料:根据形态,按照谷类或水果进行处理。

——冷冻制品:解冻后(冷冻样品中的冰晶和水不得丢弃),立即均一化制成匀浆。

——酱、油和汁:搅拌均匀。

——对于粉碎后黏性大无法过筛的样品,应保证样品粉碎均匀且满足提取要求。

1.3.3 试样贮存

试样应放在清洁、结实的容器或包装袋内。对蔬菜水果等含水量高的样品，可选用聚乙烯瓶；对于谷物等干样，可选用聚乙烯塑料袋；但对于那些要进行熏蒸剂残留分析的样品，应采用低渗透性的包装袋（如尼龙薄膜袋）等。试样应在规定的保质期内进行分析，必要时采用冰冻储存。试样应有清晰牢固的识别标记，防止造成标记的遗失和混乱。装有供熏蒸剂残留分析的试样的包装袋上不应该用含有有机溶剂的记号笔做标记。

1.4 附录 C

农药名称及参考数据

表 1.4.1 农药名称及主要参考数据

序号	中文名称	英文名称	保留时间(min)	定量限(mg/kg)	质量浓度(mg/L)

1.5 附录D

精密度的表示和计算

1.5.1 验证实验原始数据整理格式

表 1.5.1 验证实验原始数据整理格式(水平 X)

重复 n	实验室 1	实验室 2	实验室 3	实验室 4
1				
2				
3				
4				
5				

1.5.2 各实验室内的数据平均值、方差的计算

表 1.5.2 单元平均值及方差的整理格式(水平 X)

	实验室 1	实验室 2	实验室 3	实验室 4
平均值 $\overline{x}_i$				
方差 s_i^2				

表 1.5.2 按下式计算平均值及方差:

$$\overline{x}_i = \frac{\sum_j^n = 1 x_{ij}}{n}$$

$$S_i^2 = \frac{\sum_{j=1}^{n}(x_{ij} - \overline{x}_i)^2}{n-1}$$

式中,i——第 i 个实验室;

x_{ij}——第 i 个实验室的第 j 个数据;

n——每个实验室重复测量次数。

1.5.3 用科克伦(Cochran)检验法检验方差齐性

按下式计算科克伦计算量:

$$C = \frac{S_{\max^2}}{\sum_{i=1}^{p} S_i^2}$$

式中,

$s_{\max}^2$——各实验室 s_i^2 中的最大值;

p——实验室的数量。

注 1：若科克伦检验统计量 C 的数值小于或等于 0.05 临界值(即统计量 C 的 95%的分位数)，则认为各实验室的方差齐性。

注 2：若科克伦检验统计量 C 的数值大于 0.05 临界值(即统计量 C 的 95%的分位数)，但小于或等于 0.01 临界值(即统计量 C 的 99%的分位数)，则 s_{max}^2 为歧离值，相应的实验室用单星号(*)标出，需经领导小组研究、决定取舍。

注 3：若科克伦检验统计量 C 的数值大于 0.01 临界值(即统计量 C 的 99%的分位数)，则 s_{max}^2 为统计离群值，相应的实验室用双星号(* *)标出，其数据全部剔除。剔除 s_{max}^2 以后，继续对其余 $p-1$ 个方差中的最大方差进行检验，直到满足方差齐性要求为止。

注 4：科克伦检验的临界值表参见 GB/T10092－2009。

1.5.4 **格拉布斯(Grubbs)检验**

(1)计算格拉布斯统计量：

①将同一水平下的测量数据按从小到大的顺序排列。

②计算平均值 $\overline{x}$ 和标准差 s。

③计算偏离值：即平均值与最小值之差 $\overline{x}-x_{min}$ 和最大值与平均值之差 $x_{max}-\overline{x}$。

④确定一个可疑值：比较最大值与平均值之差和平均值与最小值之差，将差值较大者认定为可疑值。

⑤计算 G_i 值：$G_i=(x_i-\overline{x})/s$；其中 i 是可疑值的排列序号。

(2)进行格拉布斯检验：

①若检验统计量 G 的数值小于或等于 0.05 临界值(即统计量 G 的 95%的分位数)，则认为各实验室无异常数据。

②若检验统计量 G 的数值大于 0.05 临界值(即统计量 G 的 95%的分位数)，但小于或等于 0.01 临界值(即统计量 G 的 99%的分位数)，则可疑值为歧离值，且用单星号(*)标出，经分析研究后，做出是否剔除的决定。

③如果检验统计量 G 的数值大于 0.01 临界值(即统计量 G 的 99%的分位数)，则可疑值称为统计离群值，且用双星号(* *)标出，其数据剔除。剔除统计离群值后，继续对其余的测量数据进行检验至满足①为止。

1.5.5 **格拉布斯检验的临界值表参见** GB/T4883－2008。

重复性标准差 s_r 和再现性标准差 s_R

每个水平需要计算 3 个方差：重复性方差 s_r^2、实验室间方差 s_L^2、再现性方差 s_R^2。

先计算以下数值：

$$T_1=\Sigma n_i\overline{x}_i$$

$$T_2=\Sigma n_i\overline{x}i^2$$

$$T_3=\Sigma n_i$$

$$T_4=\Sigma(n_i)^2$$

$$T_5=\Sigma(n_i-1)S_i^2$$

$$s_r^2=T_5/(T_3-p)$$

$$s_L^2=\left[\frac{T_2T_3-T_1^2}{T_3(p-1)}-s_r^2\right]\left[\frac{T_3(p-1)}{T_3^2-T_4}\right]=s_r^2+s_L^3$$

式中，

$\overline{x}_i$——第 i 个实验室的平均数；

n_i——第 i 个实验室的重复测量次数；

Ti——第 i 个实验室的方差；

p——实验室数量。

1.5.6 **精密度评价**

(1)重复性相对标准差的符合性：

$\frac{S_r}{\overline{x}}\times100\%$如小于表 1.5.3 实验室内相对标准偏差中对应组分含量的相对标准偏差，则认为重复性相对标准差具有符合性。

注：每个组分的不同含量水平均需将计算结果进行符合性检查，且均需小于对应的相对标准偏差。

(2)再现性相对标准差的符合性：

$\frac{S_R}{\overline{x}}\times100\%$如小于表 1.5.4 实验室间相对标准偏差中对应组分含量的相对标准偏差，则认为再现性相对标准差具有符合性。

注：每个组分的不同含量水平均需将计算结果进行符合性检查，且均需小于对应的相对标准偏差。

(3)结论：

在(1)和(2)都具有符合性的基础上，则方法精密度通过评价要求。

示例：

①验证实验原始数据整理格式。

假设检测组分为 X。X 的三个水平分别为 1 mg/kg、2 mg/kg 和 10 mg/kg，4 个单位参与了方法验证实验。

其中水平 1 mg/kg 的验证数据见表 1.5.3：

表 1.5.3　1 mg/kg 水平验证数据

重复 n	实验室 1	实验室 2	实验室 3	实验室 4
1	1.12	1.23	1.22	1.01
2	1.3	1.1	0.97	1.07
3	1.2	1.09	1.13	1.02
4	1.09	1.17	1.05	1.03
5	1.2	1.16	1.9	1.05

②各实验室内的数据平均值、方差的计算：

公式：

$$\overline{x}_i = \frac{\sum_{j}^{n} = 1x_{ij}}{n}$$

$$S_i^2 = \frac{\sum_{j=1}^{n}(x_{ij} - \overline{x}_i)^2}{n-1}$$

计算结果见表 1.5.4：

表 1.5.4　1 mg/kg 水平验证数据平均值和方差计算结果

重复	实验室 1	实验室 2	实验室 3	实验室 4
平均值 $\overline{x}_i$	1.182	1.15	1.254	1.036
方差 s_i^2	0.006 72	0.003 25	0.139 03	0.000 58

③用科克伦(Cochran)检验法检验方差齐性：

本示例中

$$C = \frac{S_{\max^2}}{\sum_{i=1}^{p} S_i^2} = 0.92947$$

查表得：

$$C_{(0.05,4,5)} = 0.628\ 7$$

$$C_{(0.01,4,5)} = 0.721\ 2$$

因为 $C > C_{(0.05,4,5)}$ 且 $C > C_{(0.01,4,5)}$，因此需要剔除实验室 3 的数据。重新计算科克伦检验统计量。见表 1.5.5。

表 1.5.5　1 mg/kg 水平验证数据平均值和方差计算结果

重复	实验室 1	实验室 2	实验室 4
平均值 $\overline{x}_i$	1.182	1.15	1.036
方差 s_i^2	0.006 72	0.003 25	0.000 58

$$C=\frac{S_{max^2}}{\sum_{i=1}^{p}S_i^2}=0.637$$

$C_{(0.05,3,5)}=0.745\ 7$

$C_{(0.01,3,5)}=0.833\ 5$

因为 $C<C_{(0.05,3,5)}$，因此不需要再继续剔除数据。

④格拉布斯(Grubbs)检验：

ⓐ将上述测量数据按从小到大的顺序排列，得到 1.01、1.02、1.03、1.05、1.07、1.09、1.09、1.1、1.12、1.16、1.17、1.2、1.2、1.23、1.3。可以肯定可疑值不是最小值就是最大值。

ⓑ计算平均值 $\overline{x}$ 和标准差 s。计算得：$\overline{x}=1.123$；标准差 $s=0.085\ 0$（计算时，应将所有 15 个数据全部包含在内）。

ⓒ计算偏离值：平均值与最小值之差为 1.123－1.01＝0.113；最大值与平均值之差为 1.3－1.123＝0.177。

ⓓ确定一个可疑值：比较起来，最大值与平均值之差 0.177 大于平均值与最小值之差 0.113，因此认为最大值 1.3 是可疑值。

ⓔ计算 G_i 值：$G_i=(x_i-\overline{x})/s$；其中 i 是可疑值的排列序号 15；因此 $G_{15}=(x_{15}-\overline{x})/s=(1.3-1.123)/0.085\ 0=2.08$。

ⓕ查格拉布斯表获得临界值：$n_i=15$，检验统计量 G 的 0.05 临界值(即统计量 G 的 95%的分位数)为 2.409，即 $G_{15}<G$，表明实验室数据无异常。

⑤重复性标准差 s_r 和再现性标准差 s_R：

每个水平需要计算 3 个方差。

重复性方差 s_r^2、实验室间方差 s_L^2、再现性方差 s_R^2。

本例中：

$n_i=5$，$p=3$，根据表 C 的结果：

$T_1=(1.182\times5)+(1.15\times5)+(1.036\times5)=16.84$

$T_2=(1.182^2\times5)+(1.15^2\times5)+(1.036^2\times5)=18.964$

$T_3=15$

$T_4=75$

$T_5=(0.006\ 72\times4)+(0.003\ 25\times4)+(0.000\ 58\times4)=0.042\ 2$

$S_r^2=0.0422/(15-3)=0.00352$

$S_L^2=[(18.964\ 6\times15-16.84\times16.84)/(15\times2)-0.003\ 52][15\times2/(225-75)]=[(284.469-283.585\ 6)/30-0.003\ 52]\times0.2=0.005\ 185$

$S_R{}^2 = 0.003\ 52 + 0.005\ 185 = 0.008\ 705$

$S_r = 0.059\ 3$

$S_R = 0.093\ 7$

⑥精密度评价：

ⓐ重复性相对标准差的符合性：

$$\frac{S_r}{x} \times 100\% = \frac{0.059\ 3}{1.123} \times 100\% = 5.25\%$$

表 1.5.6　实验室内相对标准偏差

被测组分含量(mg/kg)	相对标准偏差(%)
≤0.001	≤36
>0.001≤0.01	≤32
>0.01≤0.1	≤22
>0.1≤1	≤18
>1	≤14

重复性相对标准差 5.25% 小于 18%(对应被测组分含量为 0.1～1, mg/kg),具有符合性。

ⓑ再现性相对标准差的符合性：

$$\frac{S_R}{\overline{x}} \times 100\% = \frac{0.093\ 7}{1.123} \times 100\% = 8.34\%$$

表 1.5.7　实验室间相对标准偏差

被测组分含量(mg/kg)	相对标准偏差(%)
≤0.001	≤54
>0.001≤0.01	≤46
>0.01≤0.1	≤34
>0.1≤1	≤25
>1	≤19

再现性相对标准差 8.34%小于 25%(对应被测组分含量为 0.1～1,mg/kg),具有符合性。

其他含量水平的验证方法同上。

ⓒ结论：

被测组分含量为 1 mg/kg、2 mg/kg 和 10 mg/kg 三个水平的重复性相对标准差和再现性相对标准差均具有符合性,该方法精密度通过评价要求。

1.6 附录 E

重复性限的计算

(1)重复性限:一个数值,在重复性条件下,两次测试结果的绝对差小于或等于此数的概率为95%。

(2)重复性限用 r 来表示。

(3)重复性限的计算:$r=2.8S_r$,其中,S_r 为重复性标准差。

(4)重复性限的表示方法:

表 1.6.1 重复性限 r

序号	农药名称	含量(mg/kg)	重复性限(r)	含量(mg/kg)	重复性限(r)	含量(mg/kg)	重复性限(r)

1.7 附录F

再现性限的计算

(1)再现性限:一个数值,在再现性条件下,两次测试结果的绝对差小于或等于此数的概率为95%。

(2)再现性限用R来表示。

(3)再现性限的计算:$R=2.8S_R$,其中,S_R为再现性标准差。

(4)再现性限的表示方法:

表1.7.1 再现性限R

序号	农药名称	含量(mg/kg)	再现性限R	含量(mg/kg)	再现性限R	含量(mg/kg)	再现性限R

2 中国台湾地区的食品中残留农药检验方法

中国台湾地区的食品安全监管卫生福利主管部门目前下辖负责食品安全监管的食品药物管理主管部门，以食品卫生管理相关规定为例，其分别对食品卫生标准、输入食品查验方法、动物用药残留标准、食品重金属、有害人体健康物质限量标准、食品卫生检验方法、残留农药安全容许量、食品添加物使用范围、限量及规格标准、包装食品营养标示范围等，进行了详细的规定。下面选取其中2种典型的检测方法加以介绍。

2.1 食品中残留农药检验方法——多残留分析方法

2.1.1 适用范围

本检验方法适用于蔬果类、谷类、干豆类、茶类、香辛植物及其他草本植物等食品中阿巴汀(abamectin)等380项农药多重残留分析。

2.1.2 检验方法

检体采用QuEChERS方法(Quick，Easy，Cheap，Effective，Rugged，Safe)前处理后，以液相层析串联质谱仪(liquid chromatograph/tandem mass spectrometer，LC/MS/MS)及气相层析串联质谱仪(gas chromatograph/tandem masss pectrometer，GC/MS/MS)分析之方法。

2.1.3 装置

2.1.3.1 液相色谱串联质谱仪

离子源：电洒离子化(electrospray ionization，ESI)。

层析管：CORTECS UPLC，C18，1.6 μm，内径2.1 mm×10 cm，或同级品。

保护管柱：CORTECS UPLC，C18，1.6 μm，内径2.1 mm×5 mm，或同级品。

2.1.3.2 气相层析串联质谱仪

离子源：电子游离(electron ionization，EI)。

层析管：DB－5MSUI毛细管，内膜厚度0.25 μm，内径0.25 mm×30 m，或同级品。

搅拌均质器(Blender)。

粉碎机(Grinder)。

高速分散装置(High speed dispersing device)：SPEX SamplePrep 2010 GenoGrinder®，1 000 rpm以上，或同级品。

离心机(Centrifuge)：离心力可达3 000×g以上，控制温度可达15 ℃以下者。

氮气浓缩装置(Nitrogen evaporator)。

2.1.4 **试药**

冰醋酸、甲酸及醋酸铵均采试药特级;正己烷及丙酮均采用残留量级;乙腈及甲醇均采液相层析级。无水醋酸钠、无水硫酸镁、primary secondary amine (PSA)、octadecysilane,end-capped(C18 EC)及 graphitized carbon black(GCB)均采用分析级;去离子水(比电阻于 25 ℃可达 18MW cm 以上);农药对照用标准品阿巴汀等 380 项;磷酸三苯酯(triphenylphosphate,TPP)内部标准品。

2.1.5 **器具及材料**

离心管:15 mL 及 50 mL,PP 材质。

滤膜:孔径 0.22 μm,PTFE 材质。

容量瓶:25 mL 及 50 mL,褐色。

陶瓷均质石(Ceramic homogenizer)(注 1):采用 Bond Elut QuEChERSP/N 5982-9313,或同级品。

萃取用粉剂(注 2):含无水硫酸镁 4 g 及无水醋酸钠 1 g。

净化用离心管Ⅰ(注 2):含 PSA 300 mg 及无水硫酸镁 900 mg,检液负荷量 6 mL,适用于水分含量高之蔬果类检体。

净化用离心管Ⅰ(注 2):含 PSA 300 mg、C18EC 300 mg 及无水硫酸镁 900 mg,检液负荷量 6 mL,适用于蜡、油脂及糖类含量高之谷类检体。

净化用离心管Ⅲ(注 2:)含 PSA 450 mg、无水硫酸镁 900 mg、C18 EC300 mg 及 GCB 50 mg,检液负荷量 6 mL,适用于高色素含量及茶叶类检体。

注 1:陶瓷均质石可视检体黏稠度自行评估使用。

注 2:可依需求自行评估使用市售各种萃取及净化用组合套组。

2.1.6 **试剂配制**

含 1%醋酸之乙腈溶液:取冰醋酸 10 mL 与乙腈 990 mL 混合均匀。

含 5%甲酸之乙腈溶液:取甲酸 5 mL 与乙腈 95 mL 混合均匀。

丙酮:正己烷(1:1,*v*/*v*)溶液:取丙酮与正己烷以 1:1(*v*/*v*)比例混匀。

2.1.7 **流动相溶液配制**

流动相溶液 A:取醋酸铵 0.4 g,以去离子水溶解使成 1 000 mL,加入甲酸 1 mL 混合均匀,以滤膜过滤,取滤液供作移动相溶液 A。

流动相溶液 B:取醋酸铵 0.4g,以甲醇溶解使成 1 000 mL,以滤膜过滤,取滤液供作移动相溶液 B。

2.1.8 **内部标准溶液配制**

取磷酸三苯酯内部标准品约 50 mg,精确称定,以甲醇溶解并定容至 50 mL,作为内部标准原液,于-18 ℃避光贮存备用。

取适量内部标准原液以甲醇稀释至 50 μg/mL,供作 2.8. 节检液调制使用之内部标准溶液。

取适量内部标准原液以甲醇稀释至 5 μg/mL,供作 2.9.1. 节 LC/MS/MS 分析用内部标准溶液。

取适量内部标准原液以丙酮稀释至 5 μg/mL,供作 2.9.2. 节 GC/MS/MS 分析用内部标准溶液。

2.1.9 **标准溶液配制**

取农药对照用标准品各约 25 mg,精确称定,以乙腈溶解并定容至 25 mL,作为标准原液,于－18 ℃避光贮存备用。取适量标准原液以甲醇稀释至 1 μg/mL,供作 2.9.1. 节 LC/MS/MS 分析用标准溶液。

取农药对照用标准品各约 25 mg,精确称定,以丙酮或正己烷溶解并定容至 25 mL,作为标准原液,于－18 ℃避光贮存备用。取适量标准原液以丙酮∶正己烷(1∶1,v/v)溶液稀释至 1 μg/mL,供作 2.9.2. 节 GC/MS/MS 分析用标准溶液。

2.1.10 **检液调制**

(1)蔬果类、香辛植物及其他草本植物(鲜食):

取均质之检体约 10 g,精确称定,置于离心管中,冷冻后加入含 1%醋酸之乙腈溶液 10 mL 及 50 μg/mL 内部标准溶液 10 μL,再依序加入陶瓷均质石 1 颗及萃取用粉剂,盖上离心管盖,随即激烈振荡数次,防止盐类结块,再以高速分散装置于 1 000 rpm 振荡或以手激烈振荡 1 分钟后,于 15 ℃,3 000×g 离心 1 分钟。取上清液 6 mL,置于净化用离心管 I,以高速分散装置以 1 000 rpm 振荡或以手激烈振荡 1 分钟后,于 15 ℃,3 000×g 离心 2 分钟。取上清液 1 mL,以氮气吹至刚干,残留物以甲醇 1 mL 溶解,混合均匀,以滤膜过滤,供作检液Ⅰ,以 LC/MS/MS 分析。另取上清液 1 mL,以氮气吹至刚干,残留物以丙酮∶正己烷(1∶1,*v*/*v*)溶液 1 mL 溶解,混合均匀,以滤膜过滤后,供作检液Ⅱ,以 GC/MS/MS 分析。

(2)谷类及干豆类:

取磨粉后之检体约 5 g,精确称定,置于离心管中,加入冷藏预冷之去离子水 10 mL,静置 20 分钟,加入含 1%醋酸之乙腈溶液 10 mL 及 50 μg/mL 内部标准溶液 10 μL,再依序加入陶瓷均质石 1 颗及萃取用粉剂,盖上离心管盖,随即激烈振荡数次,防止盐类结块,再以高速分散装置于 1 000 rpm 振荡或以手激烈振荡 1 分钟后,于 15 ℃,3 000×g 离心 1 分钟。取上清液 6 mL,置于净化用离心管Ⅱ,以高速分散装置以 1 000 rpm 振荡或以手激烈振荡 1 分钟后,于 15 ℃,3 000×g 离心 2 分钟。取上清液 1 mL,以氮气吹至刚干,残留物以甲醇 1 mL 溶解,混合均匀,以滤膜过滤后,供作检液 I,以 LC/MS/MS 分析。另取上清液 1 mL,以氮气吹至刚干,残留物以丙酮∶正己烷(1∶1,*v*/*v*)溶液 1 mL 溶解，混合均匀，以滤膜过滤后，供作检液Ⅱ，以 GC/MS/MS 分析。

(3)茶类、蔬果类、香辛植物及其他草本植物(干燥)：

取磨粉后之检体约 2 g，精确称定，置于离心管中，加入冷藏预冷之去离子水 10 mL，静置 20 分钟，加入含 1%醋酸之乙腈溶液 10 mL 及 50 μg/mL 内部标准溶液 10 μL，再依序加入陶瓷均质石 1 颗及萃取用粉剂，盖上离心管盖，随即激烈振荡数次，防止盐类结块，再以高速分散装置于 1 000 rpm 振荡或以手激烈振荡 1 分钟后，于 15 ℃，3 000×g 离心 1 分钟。取上清液 6 mL，置于净化用离心管Ⅲ，以高速分散装置以 1 000 rpm 振荡或以手激烈振荡 1 分钟后，于 15 ℃，3 000×g 离心 2 分钟。取上清液 1 mL，以氮气吹至刚干，残留物以甲醇 1 mL 溶解，混合均匀，以滤膜过滤后，供作检液Ⅰ，以 LC/MS/MS 分析。另取上清液 1 mL，以氮气吹至刚干，残留物以适量丙酮：正己烷(1：1，v/v)溶液 1 mL溶解，混合均匀，以滤膜过滤后，供作检液Ⅱ，以 GC/MS/MS 分析。

2.1.11 基质匹配检量线制作

(1)LC/MS/MS：

取空白检体，依 2.8. 节调制未添加内部标准品之净化后上清液，分别量取 1 mL，以氮气吹至刚干，分别加入适量甲醇、1 μg/mL 标准溶液 2～200 μL(注 3)及 5 μg/mL 内部标准溶液 10 μL，使体积为 1 mL，混合均匀，供作基质匹配检量线溶液 I。依下列条件进行分析，就各农药与内部标准品波峰面积比，与对应之各农药浓度，制作 0.002～0.2 μg/mL(芬普尼及其代谢物为 0.000 4～0.04 μg/mL)之基质匹配检量线。

液相层析串联质谱分析测定条件(注 4)：

层析管：CORTECSUPLC，C18，1.6 μm，内径 2.1 mm×10 cm。保护管柱：CORTECSUPLC，C18，1.6 μm，内径 2.1 mm×5 mm。移动相溶液：A 液与 B 液表 2.2.1 所列条件进行梯度分析。

表 2.2.1 流动相溶液

时间(min)	A(%)	B(%)
0.0→2.0	99→50	1→50
2.0→8.0	50→30	50→70
8.0→10.0	30→1	70→99
10.0→13.0	1→1	99→99
13.0→13.5	1→99	99→1
13.5→15.0	99→99	1→1

移动相流速:0.3 mL/min。

注量:5 μL。

毛细管电压(Capillary voltage):

电洒离子化正离子(ESI+)采用3.5 kV,电洒离子化负离子(ESI-)采用1.6 kV。

离子源温度(Ion source temperature):150 ℃。

溶媒挥散温度(Desolvation temperature):450 ℃。

进样锥气体流速(Cone gas flow):30 L/hr。

溶媒挥散流速(Desolvation flow):900 L/hr。

侦测模式:多重反应侦测(multiplere action monitoring,MRM)。

(2)GC/MS/MS:

取空白检体,依2.8.节调制未添加内部标准品之净化后上清液,分别量取1 mL,以氮气吹至刚干,分别加入适量丙酮:正己烷(1:1,v/v)溶液、1 μg/mL标准溶液4~200 μL及5 μg/mL内部标准溶液10 μL,使体积为1 mL,混合均匀,供作基质匹配检量线溶液Ⅱ。依下列条件进行分析,就各农药与内部标准品波峰面积比,与对应之各农药浓度,制作0.004~0.2 μg/mL之基质匹配检量线。

气相层析串联质谱分析测定条件(注4):

层析管:DB-5MSUI毛细管,内膜厚度0.25 μm,内径0.25 mm×30 m。层析管温度:初温:60 ℃,1 min;

升温速率:40 ℃/min;中温:170 ℃;

升温速率:10 ℃/min;终温:310 ℃,2.25 min。

移动相流速:氦气,1 mL/min。

注入器温度(Injector temperature):280 ℃。注入模式:不分流(splitless)。

注入量:1 μL。

离子化模式:电子游离(EI),70 eV。离子源温度:300 ℃。

侦测模式:多重反应侦测。

注3:芬普尼及其代谢物之基质匹配检量线制作时,选择适当之标准溶液添加。

注4:上述测定条件分析不适时,可依所使用之仪器,设定适合之测定条件。

2.1.12 鉴别试验及含量测定

2.1.12.1 基质匹配检量线法(Matrix-matched calibration curve method)

(1)LC/MS/MS:

精确量取检液Ⅰ及基质匹配检量线溶液Ⅰ各5 μL,分别注入液相层析串联质谱仪中，依 2.2.9 条件进行分析，就检液与基质匹配检量线溶液所得波峰之滞留时间及多重反应侦测相对离子强度鉴别之，并依下列计算式求出检体中各农药之含量(10^{-6})：

$$检体中各农药之含量(10^{-6})=\frac{C\times V}{M}$$

式中，C：由各农药之基质匹配检量线求得检液中各农药之浓度(μg/mL)

V：萃取检体之含 1%醋酸之乙腈溶液之体积(10 mL)

M：取样分析检体之重量(g)

(2)GC/MS/MS：

精确量取检液Ⅱ及基质匹配检量线溶液Ⅱ各 1 μL，分别注入气相层析串联质谱仪中，依 2.2.9 条件进行分析，就检液与基质匹配检量线溶液所得波峰之滞留时间及多重反应侦测相对离子强度(注 5)鉴别之，并依下列计算式求出检体中各农药之含量(10^{-6})：

$$检体中各农药之含量(10^{-6})=\frac{C\times V}{M}$$

C：由各农药之基质匹配检量线求得检液中各农药之浓度(μg/mL)

V：萃取检体之含 1%醋酸之乙腈溶液之体积(10 mL)M：取样分析检体之重量(g)

注 5：相对离子强度由定性离子对与定量离子对之波峰面积相除而得(≤100%)，容许范围如表 2.1.2 所示：

表 2.1.2　容许范围

相对离子强度(%)	容许范围(%)
>50	±20
>20～50	±25
>10～20	±30
≦10	±50

2.1.12.2　标准品添加法(Standard addition method)

(1)LC/MS/MS：

精确量取依 2.2.8 调制之净化后上清液各 1 mL，以氮气吹至刚干，分别加入 1 μg/mL 标准溶液 0～200 μL，再加入适量甲醇使体积为 1 mL，混合均匀，使添加农药浓度为 0～0.2 μg/mL，依 2.2.9 条件进行分析。以定量离子波峰面积与添加浓度制作线性回归曲线 $y=mx+n$(图 2.1.1)，并依下列计算式求出检体中各农药之含量(10^{-6})：

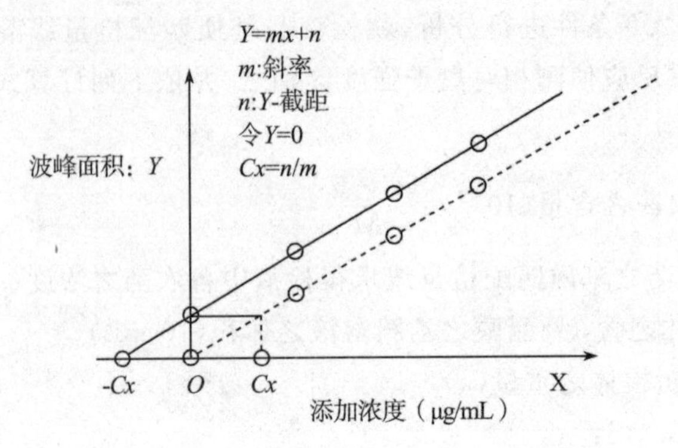

图 2.1.1　标准品添加法线性回归曲线

检体中各农药之含量(10^{-6})$=\dfrac{C\times V}{M}$。

C:由 n/m 求得检液中各农药之浓度(μg/mL)。

V:萃取检体之含 1%醋酸之乙腈溶液之体积(10 mL)

2.2　食品中残留农药检验方法——杀菌剂二硫代氨基甲酸盐类

2.2.1　适用范围

本检验方法适用于蔬果类、谷类、干豆类、茶类、香辛植物及其他草本植物等食品中二硫代氨基甲酸盐类(dithiocarbamates)。

2.2.2　检验方法

样品中农药经反应后生成二硫化碳，以气相色谱仪(gas chromatograph, GC)配合顶空进样器(headspace sampler)分析之方法。

2.2.3　装置

2.2.3.1　气相层析仪

检出器：火焰光度检出器(flame photometric detector, FPD)，附有波长 325 nm之硫选择性滤光镜。

层析管：Chrompack 毛细管，内附 Porpak Q 充填物，内膜厚度 20μm，内径 0.53 mm×50 m，或同级品。

2.2.3.2　顶空进样器(Headspace sampler)：可振摇加热器，温度可达 80 ℃以上。

2.2.4　试药

盐酸、乙醇及氯化亚锡(Stannous chloride)均采用特级试药；去离子水(比电阻于 25 ℃可达 18 MΩ/cm 以上)二硫化碳对照用标准品。

2.2.5 **器具及材料**

顶空进样分析瓶:容量为 22 mL。

顶空进样分析瓶盖:铝制瓶盖,直径 2 cm。

顶空进样分析瓶垫片:材质为聚四氟乙烯 polytetrafluoroethylene(PTFE)。

容量瓶:25 mL、250 mL。

2.2.6 **试剂调制**

2.2.6.1 5 mol/L 盐酸溶液

取去离子水 100 mL,置于 250 mL 容量瓶中,徐徐加入盐酸 104 mL,混合均匀,冷却后再加去离子水使成 250 mL。

2.2.6.2 反应剂

称取氯化亚锡 1.5 g,以 5 mol/L 盐酸溶液溶解使成 100 mL。

2.2.7 **标准溶液配制**

取乙醇约 20 mL,置于 25 mL 容量瓶中,加盖称重,迅速添加二硫化碳约 25 mg,加盖称重,计算二硫化碳之重量,以乙醇定容,作为标准原液。临用时取适量标准原液以乙醇稀释至 100 μg/mL,供作标准溶液。

2.2.8 **标准曲线制作**

取去离子水 2 mL,置于分析瓶中,添加标准溶液 2～50μL,加入反应剂 9 mL,加上垫片及瓶盖锁紧,混合均匀,以配置顶空进样器之气相层析仪,参照下列条件进行分析,就波峰面积与对应之二硫化碳含量(μg)制作标准曲线。气相色谱法测定条件:

色谱柱温度:140 ℃。检测器温度:300 ℃。进样口温度:180 ℃,载气氮气流速:7 mL/min。燃烧用气体氢气流速:90 mL/min,燃烧用气体空气流速:115 mL/min。

顶空进样测定条件:样品加热温度:80 ℃。取样针温度:85 ℃。样品加热时间:120 min。

2.2.9 **样品中二硫化碳生成反应**

取切碎之样品约 2 g,精确称定,置于分析瓶中,加入反应剂 9 mL,加上垫片及瓶盖锁紧,混合均匀。

2.2.10 **定性试验及定量测定**

将样品及标准溶液之分析瓶置于顶空进样器上,于 80 ℃加热 120 min,参照 2.2.6 节进行气相层析,就样品与标准溶液所得波峰之滞留时间比较鉴别之,并依下列计算式求出样品中二硫化碳之含量(μg/g):

$$样品中二硫化碳之含量(10^{-6})=\frac{C}{M}$$

式中，C：由标准曲线求得样品中二硫化碳之含量(μg)

M：取样分析样品之重量(g)

附注：1. 本检验方法之定量限为 0.1 μg/g。

2. 二硫代氨基甲酯之残留量系以二硫化碳计。

3. 十字花科蔬菜或菌类香菇等样品因含干扰物质，以本检验方法检出时，应以公告之 HPLC 方法再确认。

4. 食品中有影响检验结果之物质时，应自行探讨。

3 中国香港特别行政区的农药残留检测方法和质量控制

中国香港称农药为除害剂，于 2014 年 8 月 1 日正式实施《食物内除害剂残余规例》，包括约 360 种除害剂及 7 000 个最高残余限量及再残余限量。2014 年参照欧盟指南和食品法典委员的相关指南制定了指南和方法。

检测质量控制指南

3.1 导言

化学分析技术迅速发展，不同的实验室可按其实际条件、设备及资源，采用不同的检测方法和仪器，透过规范，达至检测结果的可比性及符合既定目的。评价不同的检测方法是否等效，方法的技术规则是重要的规范，而检测方法的性能特征则是指标，亦为制定技术规则的基础。新研发的检测方法须经确认/核实，以确保符合有关的技术规则。

本指南主要是透过如何协调主要的技术规则，列出评价检测方法的务实准则，以达等效检测食物中残余除害剂(农药残留)的目的。

3.2 评价检测方法的准则

3.2.1 评价检测方法的准则

切实可行及符合既定目的(监控食物的残余除害剂)；

根据双方协调的样品取制样方法；

适用的技术规则；

适用的质量控制措施；

经确认/核实，并符合 ISO/IEC17025 质量体系的要求。

3.2.2 技术规则

3.2.2.1 定性法—筛选法

(1)准确度(accuracy)：

以假阴性率低于 5%来表示检测方法的准确度。亦即是在样本含相关浓度水平(如报告水平)的分析物之情况下，检出的概率不低于 95%(假阴性率 5%)。基本的验证是以于相关浓度水平添加分析物的试样进行多次分析。

(2)选择性(selectivity)：

依据检测方法进行的空白试验，以检视选择性。

(3)控制点(controlpoint)。

控制点是为了有效地筛选阳性样本，再作定量/确证分析。制定适中的控制点水平尤为重要，须考虑可操作性，既要符合假阴性率的要求，同时不会不意地加重定量/确证分析的工作量。

3.2.2 **确证法(质谱)**

(1)色谱分离：

相对保留时间(内标物)之允许误差：

气相(GC)±0.5%　　　　液相(LC)±2.5%

保留时间之允许误差：

气相(GC)±5%　　　　液相(LC)±5%

(2)应用不同类型的质谱仪时，离子相对强度应符合以下要求：

●定量限(LOQ)。

可定量分析物的最小浓度。定义为在试样中的分析物的最低可确证浓度，在指定的条件下，同时达到指定的精密度和准确度。

●报告水平(reporting level)。

订定报告水平时应考虑可操作性，报告水平可等于或高于 LOQ，但不得超越最高残余限量。

●校准曲线。

一般情况下，校准曲线应不少于 3 个浓度(不计空白)，而相关系数(r)≥0.995

●精密度(precision)。

实验室内的再现性(within laboratory reproducibility)相对标准偏差(RSD)：≤20%

●真实度/回收率(trueness/recovery)。

数据等于或高于报告水平：

≤1 μg/kg　　　　　　　　：50%～120%

>1 μg/kg≤0.01 mg/kg　　：60%～120%

>0.01 mg/kg≤0.1 mg/kg　：70%～120%

>0.1 mg/kg≤1 mg/kg　　　：70%～110%

>1 mg/kg　　　　　　　　：70%－110 %

在一般的情况下，农药残留分析结果不做回收率修正。

●选择性。

依据检测方法进行的空白试验，以检视选择性。空白试验的本底应低于报告水平的30%。

●测量的不确定度(uncertainty of measurement)。

应根据有信誉的专家和标准编写机构所列出的方法制定测量的不确定度，如 EURACHEM/CITAC 出版的 *Quantifying Uncertainty in Analytical Measurement* 及英国 LGC 的 *Protocol for Uncertainty Evaluation from Validation Data*，或其他相关文件。农残检测的不确定度一般应少于 50%，并为判别检测结果是否超标时重要的考虑因素。

3.2.3 **检测方法**

气相色谱—串联质谱法及液相色谱—串联质谱法

3.2.3.1 范围

本方法主要适用于水果和蔬菜中 105 种除害剂及相关物质(参见附录 A)残留量气相色谱－串联质谱(GC－MS/MS)及液相色谱-串联质谱(LC－MS/MS)测定方法。配合不同的净化程序，此方法亦可发展至检验其他食品。

3.2.3.2 提取及净化

(1)气相色谱－串联质溶分析：

采样后，经切碎及混匀，称取 2～10 克(见表 3.2.1)试样于 50 mL 离心管中，对于较干燥的样品，可使用较少的样品量，并需要加入适量的水湿润和混合，以增加提取效率。大部分情况下，加入 1～2 倍的样本重量的水已足够达到效果。加入内标物，内标物的添加水平为接近除害剂的报告水平。添加 15 mL 乙酸乙酯和 6 g 无水硫酸镁。然后振摇 2 min，并以每分钟 4 000 转的速度离心 5 min。从上层清液中提取 1～5 mL 溶液，进行溶剂交换至乙腈＋甲苯(3∶1)，再提取到 500 mg 石墨化炭黑(GCB)/500 mg 氨丙基(NH_2)双固相萃取柱中，用 50 mL 乙腈＋甲苯(3∶1)洗脱，浓缩并进行甲苯溶剂交换至约 1 毫升，经 0.45 μm微孔滤膜过滤，按需要用甲苯稀释后，可作气相色谱－串联质谱测定。以上净化程序对大部分水果及蔬菜样品已能满足要求，但如要检验高蛋白、油脂和碳水化合物类的样品，可按需要先进行凝胶渗透色谱(GPC)净化，后再浓缩进行固相萃取净化。

表 3.2.1 **样本参考重量**

样本基质	称取参考重量(克)
蛋白类	2～6
碳水化合物类	2～5
油脂类	2～3
纤维类	5～10
高水分	5～10

GPC 参考条件如下：

GPC 净化柱：600 mm×25 mm，内装 Bio-BeadsS-X3 填料或同等。

流动相：环己烷：二氯甲烷(1∶1)。

进样量：5 mL。

流速：5 mL/min。

开始收集时间：约 30 min。

结束收集时间：约 60 min。

(2)液相色谱－串联质溶分析：

采样后，经切碎及混匀，称取 2～10 克(见表 3.2.1)试样于 50 mL 离心管中，对于较干燥的样品，可使用较少的样品，并需要加入适量的水湿润和混合，以增加提取效率。大部分情况下，加入 1～2 倍样本重量的水已足够达到效果。加入内标物，内标物的添加水平为接近除害剂的报告水平。添加 15 mL 含 1% (v/v)醋酸的乙腈，6 g 无水硫酸镁，1.5 g 无水醋酸钠，然后振摇 2 min，并以每分钟 4 000 转的速度离心 5 min。先从上层清液中提取 2～6 mL 的溶液到 900 毫克无水硫酸镁、150 毫克 N-二甲基乙二胺(PSA)及 45 mg 石墨化炭黑(GCB)分散固相萃取填料中，再振摇 2 min，并以每分钟 4 000 转的速度离心 5 min。清液经 0.45 μm 微孔滤膜过滤，按需要用液相色谱流动相稀释后，可作液相色谱－串联质谱测定。以上净化程序对大部分水果及蔬菜样品已能满足要求，但如要检验高蛋白及油脂类的样品，可多加入 150 mgC18 分散固相萃取填料取代 GCB 填料，或可按需要混合使用。

3.2.3.3 仪器分析条件

(1)气相色谱－串联质谱(GC-MS/MS)分析：

①气相色谱质谱联用仪：Thermo Quantum XLS GC-MS/MS 或同等。

②气相色谱参考条件：

色谱柱：DB-5MS(30 m×0.25 mm×0.25 μm)或相类。

色谱柱温度程序：95 ℃保持 2 min，然后以 30 ℃/min 程序升温至 130 ℃，再以 5 ℃/min 升温至 250 ℃，再以 10 ℃/min 升温至 300 ℃保持 5 min。

载气：氦气，流速为 1.0 mL/min。

进样口温度：240 ℃。

进样方式：脉冲不分流进样，脉冲压力 180 kPa 保持 2 min。

③质谱参考条件：

气相色谱质谱联用仪：配有电子轰击源(EI)。

离子化模式：电子轰击。

质谱监测离子对：略。

(2)液相色谱-串联质谱(LC-MS/MS)分析：

①液相色谱质谱联用仪：AB Sciex API 5 000 LC-MS/MS或同等

②液相色谱参考条件：

流动相 A：5 mmol/L 甲酸铵水溶液。

流动相 B：5 mmol/L 甲酸铵甲醇溶液。

色谱柱：Atlantis T3 (150 mm×2.1 mm×3 mm)或相类似的色谱柱。

流速：0.22 mL/min。

表 3.2.2　液相色谱参考条件

步骤	时间/min	A(%)	B(%)
0	0	90	10
1	3	90	10
2	9	65	35
3	28	5	95
4	37	5	95
5	37.1	90	10
6	45	90	10

③质谱参考条件：

液相色谱质谱联用仪：配有电喷雾离子源(ESI)。

电离源模式：电喷雾离子化。

质谱监测离子对：略。

3.2.3.4　检测过程的质量控制

(1)定性法—筛选法。

①筛选法的报告水平可等于或低于最高残留限量。筛选法的校准可采用单点校准，最低浓度的校准点必须等于或低于报告水平。校准标准溶液配制可按需要使用空白试剂添加或样本空白添加方法。筛选法的控制点的水平可订在报告水平的70%或以下。每种除害剂可选取一或多个子离子作监测，当样本浓度等于或高于控制点时，样本便需要进行确证或定量分析。

②每一批检测样品或每20个样品，以较少者为准，分析最少一个试剂空白或样品空白及一个样品添加。试剂空白除不加样品外，均按检测方法进行。样品添加水平必须包括一个等于报告水平的浓度。质量控制准则见表 3.2.3：

表 3.2.3 质量控制准则

质量控制样品	质量控制准则
试剂空白或样品空白	低于报告水平的 30%
样品添加水平	必须验出为等于或高于控制点

(2)定性法一确证测定。

要确证样品中的残余除害剂,需符合以下准则:

①色谱分离要求:

相对保留时间(内标物)之允许误差:气相(GC)±0.5%

液相(LC)±2.5%

②质谱的定性要求:每种除害剂选取 2 个或以上子离子。

表 3.2.4 质谱定性要求测定范围

相对强度(基线峰的%)	GC－MS/MS&LC－MS/MS(相对的)
>50%	±20%
>20≤50%	±25%
>10≤20%	±30%
≤10%	±50%

③校准试剂/样品添加:

校准试剂/样品添加在确证程序中必须检出为阳性,确证浓度水平可选取一个合适的浓度作核实,如接近报告水平或样品浓度。

④试剂空白:必须为未检出或证明低于报告水平的 30%。

(3)定量测定。

①校准曲线应不少于 3 个浓度(不计空白),相关系数(r)≥0.995。

②每分析 10 个样品,最少分析一个校准标准,差异需少于或等于 20%。

③每一批检测样品或每 20 个样品,以较少者为准,分析最少一个试剂空白、一个样品平行及一个样品添加。样品添加必须包括所有需定量分析物。试剂空白除不加样品外,均按检测方法进行。质量控制准则见表 3.2.5:

表 3.2.5 质量控制准则

质量控制样品	质量控制准则
试剂空白	低于报告水平的 30%
样品平行	相对的百分比差异(%RPD):≤25%
样品添加回收率	数据等于或高于报告水平:≤1 μg/kg:50%～120%

测定浓交范围,回收率范围如下:

＞1 μg/kg≤0.01 mg/kg：60％～120％

＞0.01 mg/kg≤0.1 mg/kg：70％～120％

＞0.1 mg/kg≤1 mg/kg：70％～110％

＞1 mg/kg：70％～110％

④定量测定结果必须同时符合确证测定的有关鉴别要求。

(5)精密度。

此方法的实验室内的重现性相对标准偏差(RSD)要求为小于等于20％。

4 食品法典委员会的食品和饲料中农药残留量分析方法性能验证指南

2013年国际食品法典农药残留委员会(CCPR)第45届年会同意建议撤销CODEXSTAN 229－1993农药分析方法的方法指南,建议成立工作组开展农药残留分析方法适用性评价指南的起草。作为一项新的工作任务,第45届CCPR会议形成了一份任务建议书(project document)并按照法典程序提交给国际食品法典委员会(CAC)大会讨论审议,第34届CAC大会同意了该任务。2013年8月,按照该建议书计划,成立了由美国和中国共同主持、40多个国家参与的电子工作组。在随后每年举办的CCPR都有该电子工作组经过起草和讨论形成的草案文件的议题。2017年接受并发布了《食品和饲料中农药残留量分析方法性能指标的指南》(CAC/GL90－2017)(*GUIDELINES ON PERFORMANCE CRITERIA FOR METHODS OF ANALYSIS FOR THE DETERMINATION OF PESTICIDE RESIDUES IN FOOD AND FEED*)

4.1 食品和饲料中农药残留量分析方法性能指标的指南

CAC/GL90－2017于2017年发布。

4.1.1 目的

(1)这些指南的目的是定义和描述性能标准,应通过分析食品和饲料(以下称为食品)中的农药残留的方法来满足这些标准。它涉及特征/参数,以便给预期用途范围内的分析方法中提供科学上可接受的置信度,并可用于可靠地评估国内监控和/或国际贸易中的农药残留。

(2)本文件适用于单残留方法和多残留方法(MRM),根据残留物定义分析所有食品中的目标化合物。

(3)这些指南包括定性和定量分析,每个分析方法都有自己的方法性能标准。还包括分析物鉴定和确认方法的性能标准。

4.1.2 选择和验证方法的原则。

4.1.2.1 定义方法和范围的目的

(1)该方法的预期目的通常在范围说明中描述,其定义了分析物(残留)、基质和浓度范围。它还说明该方法是用于筛选、定量、鉴定和/或确认结果。

(2)在监管应用中,最大残留限量(MRL)以残留物定义表示。残留分析方法应能够测量残留物定义的所有成分。

(3)适用性是指在一定技术和资源限制范围内,方法的性能满足最终用户需求的程度,并与实验室和最终用户(或客户)之间商定的标准(数据质量目标)相匹配。适用性标准可以基于本文档中描述的某些特征,但最终将以可接受的组合不确定度表示。

(4)根据分析物和分析的预期目的选择方法。

4.2.2.2 其他食品法典委员会指南的补充

(1)食品法典委员会为参与进口/出口食品检测的实验室发布了一项准则，建议此类实验室应：

①使用内部质量控制程序，例如“分析化学实验室内部质量控制协调指南”中所述的程序；

②参加符合“(化学)分析实验室能力验证国际协调议定书”(PureAppl. Chem.,vol78,No.1,pp.145—186,2006)能力验证。

(2)为了符合上文提到的质量保证(QA)和质量控制(QC)文件中的原则，分析方法应在国际接受、支持和认可的实验室质量管理体系(ISO17025)中使用。

4.1.2.3 方法验证

方法验证过程旨在证明方法适合于目的要求。这意味着当由经过适当培训的分析人员使用指定的设备和材料并且完全遵循方法协议进行测试时，可以在指定的样本分析统计限度内获得准确、可靠和一致的结果。验证应证明分析物的特性和浓度，考虑到基质效应，提供回收结果的统计特征及指出假阳性和假阴性的频率是否可接受。当使用合适的分析标准执行该方法时，在任何有经验的残留物测试实验室中，训练有素的分析人员应在相同或等效的样品材料上获得既定性能标准内的结果。为确保方法能随时保持好的性能，应对方法验证持续评估(例如添加回收)。

4.1.3 分析方法的性能参数

各个方法的性能标准的一般要求概述如下。

4.1.3.1 方法文件

验证后，方法文件除了提供性能标准(数据质量目标)外，还应提供以下信息：

①识别包含在残留物定义中的分析物；

②验证所涵盖的浓度范围；

③验证中使用的基质(代表性商品类别，例如基于水分、脂肪和糖含量，pH等特征的相似农产品)；

④描述设备、试剂、详细程序步骤包括允许的变化(例如“在100±5 ℃加热30±5 分钟”)，校准和质量程序、所需的特殊安全预防措施和预期应用和关键不确定度要求；

⑤该方法的扩展测量不确定度(MU)的定量结果应在验证程序中计算并报告(如果需要)。

4.1.3.2　选择性

(1)理想情况下,应评估选择性,以证明不会发生显著影响分析的干扰。针对每个潜在的干扰物进行测试是不切实际的,但要求通过分析每批试剂的试剂(过程)空白来检查常见的干扰。当不同批次样品之间更换试剂和/或溶剂时,可以进行额外的试剂空白评估。增塑剂、隔膜渗出物、清洁剂、试剂杂质、实验室污染物等残留物的背景易于出现在试剂空白中,并且分析者必须识别发生的干扰。此外,必须通过检查混合标准溶液中的单个分析物来了解分析物及分析物的干扰。通过分析已知不含分析物的样品来评估基质干扰,每批样品需要一个基质空白或采用标准添加定量的方法(见 4.3.1.5 部分)。

(2)作为一般原则,选择性应使干扰对方法性能没有影响。选择性的最终测试涉及分析中的假阳性和假阴性的比率。为了估计方法验证过程中的假阳性和假阴性的比率,应分析足够数量的空白基质不是同一来源以及在分析物报告限水平上加标基质。

4.1.3.3　校准

(1)除了校准材料制备的误差,校准误差通常是总不确定度的一小部分,可以安全地分配到其他类别。例如,校准产生的随机误差是不确定度的一部分,而系统误差会导致分析偏差,这两者都在验证和持续质量控制过程中作为一个整体进行评估。然而,有一些校准特征在方法验证开始时有用,因为它们会影响最终程序方法的优化。例如,必须事先知道校准曲线是线性的还是二次的,是否通过原点,是否受样品基质的影响。本文档中描述的指南更多地涉及验证,其可能比常规分析期间进行的校准更详细。

(2)需要重复测量以提供不确定性的经验估计。建议初始方法验证使用以下校准程序:

①应进行五种或更多浓度水平的测定(考虑每种浓度多次注射);

②参考标准应在感兴趣的浓度范围内均匀分布,校准范围应包括可能遇到的整个浓度范围;

③参考标准应分散在整个序列上,或包括运行的开始和结束,以证明在整个序列中保持校准完整性;并且必须在视觉上和/或通过计算残差(标准的实际浓度和计算浓度之间的差异)绘制和检查校准函数的拟合,避免过度依赖相关系数。如果校准曲线的残差偏差超过±20%~30%(仪器 LOQ 附近校准浓度为 30%),则应对异常值进行统计考虑,如果不符合质量控制标准应重新分析序列。

4.1.3.4　线性

(1)线性可以在适当的校准设置下通过检查响应对浓度的线性回归产生的

残差图来评估。如果任何线性都不能拟合,应用另一个函数如二次函数使用至少 5 个浓度水平进行拟合。尽管目前广泛使用相关系数(R_2)它作为适合度的指标,但 R_2 可能具有误导性,因为它对具有较高浓度的标准具有更大的重要性。在这种情况下,应考虑适当的加权因子,如 $1/x$ 或 $1/x^2$,以尽量减少相对浓度范围的潜在影响。

(2)一般而言对于低于十亿分之一(μg/kg)浓度测定,建议使用加权线性回归或加权二次函数,而不是线性回归。理想情况下,截距值应接近于零,以减少计算低浓度残留的误差,尽管校准曲线不应在没有正当理由的情况下强制通过原点。

4.1.3.5 基质效应

基质匹配校准通常用于补偿基质效应。应使用空白基质的提取物,优选与样品相同或相似的类型进行校准。在气相色谱(GC)分析中补偿基质效应的另一种实用方法是使用添加到样品提取物和校准溶液中的化学成分(分析物保护剂),以便在溶剂和样品提取物的校准物的(理想情况下)农药的响应同等地最大化。补偿基质效应的替代方法包括使用添加同位素标记的内标(IS)或化学类似物标准。然而,这些方法在多残留分析中通常是困难的,因为在常规分析者不同水平的不同基质中存在太多分析物,并且很多分析物缺乏同位素标记内标。理想情况下,如果可获得同位素内标,其应列入目标化合物的范围,并且回收率应符合加入非同位素标记标准的样品的标准。如果仅使用溶剂校准,则必须通过比较基质匹配与仅溶剂标准品的响应来测量基质效应,以证明结果的等效性。

4.1.3.6 准确度与回收率

(1)准确度是测试结果与被测物品的公认参考值之间一致性的接近程度。准确性是用偏差来定量表示的,较小的偏差表示更高的准确性。偏差通常通过将方法的测定值与(如果可用)有证参考物质的指定值进行比较来确定。建议最好在多个实验室测试。如果指定值的不确定度不可忽略,则对结果的评估应考虑有证参考物质的不确定度以及分析有证参考物质时的统计变异性。如果没有经过有证参考物质,则指南建议使用可用于验证研究目的的可用参考物质。

(2)回收率是指在最终结果中确定的分析物的量与提取前加入样品(通常是空白的)的量的比例,通常表示为百分比。测量误差将导致偏差的回收数据偏离最终提取物的实际回收。常规回收涉及在分析每批分析样品中对质量控制添加的测定性能。

4.1.3.7　精密度

（1）精密度是在规定条件下获得的独立（重复）测试结果之间的一致性。它通常用标准偏差（SD）或相对标准偏差（RSD）来表示，也称为变异系数（CV）。精确度和偏差之间的区别取决于分析系统的观察水平。因此，从单次测定的观点来看，影响分析校准的任何偏差都将被视为偏差。从分析人员审查一年工作的角度（如随机变量，分析偏差每天都会有所不同）结合任何规定的条件来估算这种精度。

（2）对于单个实验室验证，两种类型的精确条件是相关的：

①可重复性，同一分析序列内测量的可变性；

②实验室内可重复性，多组相同样本中结果的可变性。重要的是，精度值代表可能的测试条件。

首先，对实验室中通常会发生的方法运行中条件的变化进行验证，这可以通过持续的方法性能验证/验证来完成。例如，应在持续的质量控制中评估溶剂批次、分析人员和仪器的变化。其次，所使用的测试材料应具有代表性（就基质和粉碎状况而言）应该是在实际应用中可能遇到的材料。

（3）在单个实验室验证中，精确度通常随分析物浓度而变化。典型的假设是：

①同一分析物水平的精确度没有变化；

②标准偏差与分析物水平成比例或线性相关，而分析物水平显著变化时（例如，当分析物水平接近定量限时），则需要检查两种假设是否正确。

（4）在各种不同条件的获得精密度数据，建议在所有此类研究中进行仔细的实验设计。初始验证应在目标物质定量限（LOQ）或报告限以及至少一个其他更高水平（例如，目标 LOQ 的 2～10 倍或 MRL）下进行。

4.1.3.8　定量限（LOQ）

根据分析化学家给出的长期定义，LOQ 是分析中平均信噪比（S/N）等于10的浓度，因为 LOQ 准确测定是需要对加标样品和基质空白进行多次分析，但由于仪器的性能状态以及许多其他因素影响，LOQ 可能会变化，因此实际操作上只能估算定量限 LOQ。一些验证指南要求通过 LOQ 水平上的加标实验验证 LOQ 以满足方法性能标准，但 LOQ 的日常变化往往迫使分析人员大大高估实际方法 LOQ，这可能难以实施严格 LOQ 的定义（$S/N=10$）。因此，在最低验证等级（LVL）处加标是更具操作性和正确性的方法。此外，分析物的定量不应低于同一分析序列中的最低验证水平（LVL）。因此，在最低验证水平（LVL）处加标是更具操作性和正确性的方法。此外，分析物的定量不应低于同一分析序列中的最低验证水平（LVL）。最低校准水平（LCL）的 S/N 必须≥10

(浓度≥LOQ),可以设置为每个分析序列所需的系统适用性检查。质量控制基质加标也可以包括在每个序列中,以验证在分析中报告限(通常>LCL的动作水平)的可操作性。从本质上讲,验证的关键不是确定LOQ,而是要证明最低报告浓度满足分析的需要。尽管对定量没有作用,一些分析人员可能希望计算检测限(LOD)(S/N=3),以推断因浓度太低而不能估计分析物浓度的分析物的存在。

4.1.3.9 分析范围

验证的范围是分析物浓度的区间,在该区间内可以认为该方法是有效的。LVL是在验证期间评估的最低浓度,符合方法性能标准。重要的是要认识到验证范围不一定与仪器校准的有用范围相同。虽然校准可以覆盖较宽的浓度范围,但是经验证的范围(通常在不确定性方面更重要)通常会覆盖的范围更窄。在实践中,大多数方法中至少两个浓度水平被验证。验证范围可以作为这些浓度点之间的合理推断,但许多实验室选择用3个浓度水平取验证线性。为了对食典标准相关的残留浓度进行监管,分析方法必须足够灵敏以使每种分析物的LVL等于或低于当前食品法典最大残留限量(CXL)。验证范围应涵盖现有的CXL。当CXL不存在时,最低级别可以是由国家监管机构建立的MRL。如果对于给定的分析物/基质对不存在CXL或MRL,则0.01 mg/kg或LOQ(以较大者为准)通常用作期望的LVL。在MRM中,典型的分析目标是在不同但有代表性的商品中将LVL(和报告水平)设定为0.01 mg/kg。

4.1.3.10 稳定性

(1)分析方法的稳定性(通常与稳健性同义)是当与操作程序中描述的实验条件产生偏差时,对分析方法产生的结果的影响的程度。实验参数的限制应在方法方案中规定(尽管过去并不总是如此),并且这些允许的偏差,无论是单独的还是以任何组合,都不应对所产生的结果产生有意义的变化。这里的"有意义的改变"意味着该方法不符合由适用性定义的数据质量目标。应该识别方法中可能影响结果的方面,并且通过使用稳定性测试来评估它们对方法性能的影响。

(2)稳定性测试包括:仪器的微小变化、品牌/批次的试剂或操作员的变化、试剂浓度、溶液的pH、反应温度、允许完成过程的时间和/或其他相关因素。

4.1.3.11 测量不确定度(MU)

(1)测量不确定性估算的正式方法是从方程或数学模型中计算估计值,可以在该模型或数学模型周围预期真实值位于规定的概率水平内的可能性。方法验证中描述的程序旨在确保用于估计结果的等式是一个有效的(能够适当考虑所有类型的随机误差)表达式,它能够体现对结果的认知和显著影响。"结果不确定性估算指南"中提供了对测量不确定度的进一步考虑和描述。

(2)最好将测量的不确定性表示为浓度的函数,并将该函数与实验室与客户或数据的最终用户之间商定的适用性标准进行比较。可以从能力验证数据中计算 MU。

4.1.4 筛选方法的性能标准

(1)筛选方法通常是定性的或半定量的,目的是区分不含阈值以上残留物的样品("阴性")与可能含有高于该值的残留物的样品("指示阳性")。因此,验证策略侧重于建立阈值浓度,高于该阈值浓度,结果"可能是阳性的",确定基于统计的错误检测率(阳性或阴性),测试干扰并建立适当的条件。筛选的概念为实验室提供了一种可将其分析范围扩展到存在于样品中的可能性的很小的潜在分析物有效的方法。频繁地检出的阳性的分析物应继续使用经过验证的定量多残留方法 MRM 进行监测。与定量方法一样,还应根据选择性和灵敏度检查筛选方法。在一些应用中,商业的测试试剂盒可能是有用的,但是基于目前的技术,在实践中大多不能经济地满足多残留筛选需要。在检测之前使用色谱法或其他形式的分离时,通常会改善选择性和分析范围。另一种方法是使用基于质谱(MS)的检测的筛选方法,其能够将特定的化学物质彼此区分开。

(2)筛选方法的选择性必须能够区分目标化合物或化合物组与样品中可能存在的其他物质。筛选方法的选择性通常小于定量方法的选择性。筛选方法可以利用一组或一类化合物共有的结构特征,并且可以基于免疫测定或分光光度测定,其可能不能明确地鉴定化合物。

(3)基于筛选检测限(SDL)的筛选方法的验证可以集中于可检测性。对于每种代表性类型的基质(商品组),最少的验证数量应包括分析在估计的 SDL 上加标的至少 5 个样品。不同来源(例如从不同市场或不同农业领域获得等)的样品和至少 5 个基质空白。更多样性的更多次重复分析将会提供更好的验证。每种类型的基质至少有两种在实验室的预期范围内的不同样品。在常规分析期间,可以从正在进行的质量控制 QC 数据和方法性能验证中收集额外的验证数据。定性筛选方法的 SDL 是在至少 95%的样品中检测到分析物(即可接受的 5%的假阴性率),不一定满足 MS 鉴定标准。

4.1.5 定量方法的性能指标

(1)在确定食品中农药残留的监管控制计划中使用的定量方法的性能指标时,选择性特别重要。理想情况下,该方法需要提供不受可能存在于样品或样品提取物中的其他分析物和基质化合物的干扰的信号响应。基于未完全分离的峰的色谱分析提供的定量结果是不太可靠。结合色谱分离,使用选择性的检测器或不同的检测波长检测器或基于质谱的检测器能够更好地区分特定的化合物或结构,提高了定量方法的选择性。

(2)与单残留方法相比,在一次提取中回收一系列不同农药残留的要求增加了降低多残留分析法(MRM)选择性的可能性。使用选择性较差的提取和净化程序可能使最终提取物中的共提取基质物质增多。基于所关注的基质、方法和分析物的不同,共提取基质物质的性质和数量也显著不同。因此,在设定MRM的精确度和真实性指标时需要小心,以确保定量不会受到化学干扰的影响。

(3)除了方法的选择性外,还必须证明该方法提供可靠定量结果的能力(即准确度——见4.1.3.6部分和精密度——见4.1.3.7部分)。理想情况下,原始样本和重复样本之间的相对标准偏差小于20%。

(4)由于能够在每个添加水平提供可接受的平均回收值,定量分析方法的可接受性标准应当在初始和在线的验证阶段得到证明。对于验证时,建议至少分析5次重复(以检查恢复和精确度)在目标LVL、LOQ或方法的报告限以及至少一个额外的更高级别,例如,2~10xLVL或MRL。如果一种方法用于一致性测试(即如果商品符合既定的MRL),则MRL(或CXL)应落在经验证的浓度范围内。当残留物定义包括两种或更多种分析物时,该方法应该对所有分析物进行验证。

(5)方法的准确度可以通过分析测试有证标准物质,通过将本法测得的结果与之前已经严格确证性能指标的另一种方法(通常是协同研究方法)获得的结果进行比较,或通过测定回收率来确定。法规要求的平均回收率通常为70%~120%,RSD≤20%,但是对于非常低的浓度(例如<0.01 mg/kg),一些实验室可能接受超出这些标准的方法性能标准(例如60%~120%,RSD<30%)。在某些情况下(通常使用MRM),超出此范围的回收率可能是可接受的,例如当回收率较低但一致时(例如证明良好的精密度)。如果通过化学方法很好地确定系统性低偏差的原因(例如,在液液分配步骤中两相之间已知的分析物分布规律),这是更合理的。但是,如果可行,应使用更准确的方法。回收率>120%可能归因于的杂质干扰或偏差。

(6)方法验证优先使用阳性样品。添加到测试样品中的分析物的行为可能与天然产生的阳性样品的分析物(农药残留)的行为方式是不同。在许多情况下,提取的天然产生的阳性样品的残留量小于实际存在的总残留量。这可能是由于提取期间的损失、残基在细胞内结合、缀合物的形成,或其他使用分析物添加空白基质的回收实验未充分体现的因素。通常需要放射性标记的残留物或标准参考物质来评估所产生的残留物的回收率。

(7)在相对较高的浓度下,分析回收率预计接近100%。在较低浓度下,特别是涉及大量复杂的提取,分离和浓缩步骤的方法,回收率可能低于较高浓度的。无论观察到何种平均回收率,都需要回收率足够稳定,以便在需要时可以对最终结果进行可靠的回收率校正。

(8)一般而言,当平均回收率在70%～120%范围内时,不必对残留数据进行校准。回收校正应符合CAC/GL37－20 018指南要求。校准函数能应建立在适当的统计考虑的基础上,并记录、归档并提供给客户和审查员。数据应该:

①明确确定是否已采用回收率校准;

②如果使用,包括校准的数量和来源的方法。

应在适当的统计考虑的基础上建立校准函数,并记录、存档并提供给客户。

(9)根据ISOIEC17025,应参加能力验证。许多能力验证适用于进行农药残留监控的全球实验室。也可以进行实验室间比对测试。

4.1.6 分析物的鉴定(识别)和确认方法的性能标准

到目前为止,在基于质谱的方法中,在样品制备过程中产生的差错是误判的最大来源。因此,所有监管执法行动(高于MRL或对该商品没有MRL的行为)都要求通过重新提取原始样本的重复测试并重新分析来确认结果,理想情况下使用不同的样品制备和/或分析方法。

选择性是识别方法的首要考虑因素。该方法应具有足够的选择性以提供明确的识别。色谱分离方法与MS结合是鉴定样品提取物中的分析物的非常强大的组合。该方法提供了关于仅用色谱法无法获得的分析物结构的信息。GC－MS和LC－MS工具(全扫描,选择离子模式,高分辨率,串级质谱,上述方式组合以及其他先进技术)提供许多可测量的参数来进行分析物识别,例如保留时间、色谱峰形、离子强度和相对丰度/比率、质量准确度和其他有用的信息。然而,可以使用非基于MS的成功开发并应用的技术方法(例如,具有光电二极管阵列检测的液相色谱,具有选择性检测的气相色谱检测器),使用不同极性(化学性质)的色谱柱方法确认测试结果。

4.1.6.1 基于质谱的识别

(1)物质鉴定没有普遍接受的识别标准。表4.1.1给出了标准的例子。

(2)目前农药残留定性和定量分析的做法通常涉及色谱＋选择离子监测(SIM)或MS/MS技术。使用质谱库匹配因子和/或全谱内主要离子的相对丰度,全谱MS也是可接受的技术。后一种情况可以使用至少3种离子在下面给出的标准中作为离子比例的比较。在前一种情况下,匹配因子应用于监管鉴定的目的,并且参考质谱库应使用与样品分析中相同的条件在同一仪器上从扣除背景的标准获得。应满足以下识别标准:

①分析物保留时间应通过同时分析(在同一批次内)高浓度基质匹配的校准标准来确定。如果已知不存在干扰,则可以使用基于溶剂的标准溶液

②离子比例参考值的设定方法与第47a段相同。用于鉴定的不同离子必须共洗脱并具有相似的峰形。来自具有较高平均强度的校准标准的离子将用作离子比的分母,以百分比表示(由于信号波动,基质效应等,离子比率的偏差

高达30%是可接受的)。

③与包含感兴趣水平的合适校准标准或对照的信号相比,测量峰的信噪比必须大于3和/或信号应超过阈值强度水平。

④选择用于识别目的的离应该具有化学/结构意义(确保所选择的离子不是来自降解物,杂质或与分析物不同的化学物质的混淆)。

⑤所有测量的试剂和基质空白样品应无残留、污染和/或干扰,响应>定量限的20%。对于基质空白样品,大于30%的LOQ可以接受。

⑥对于质谱分析,优选监测质荷比大于100的离子。

(3)分析物的最小可接受保留时间应至少是相应色谱柱空隙(死)体积的保留时间的两倍。对于气相色谱和液相色谱,分析物在提取物中的保留时间应对应于参考值(47a)的保留时间(±0.2 min)或0.2%相对保留时间(如果可能,优选+0.1 min)。

(4)被认为通过精确测量离子的质荷比来提供离子信息的高分辨率质谱的方法并不比使用低分辨率质谱技术获得的更高的可靠性。不同类型和型号的质谱检测器提供不同程度的选择性,这与识别点的可信度有关。表4.1.1中提供的鉴定标准示例仅应被视为鉴定指南,而不是作为证明化合物存在与否的绝对标准。

表4.1.1 不同MS技术的鉴定标准

<table>
<tr><th rowspan="2">质谱检测器/特征</th><th rowspan="2">代表系统(例子)</th><th rowspan="2">采集</th><th colspan="2">鉴定要求</th></tr>
<tr><th>最小离子数</th><th>其他</th></tr>
<tr><td>低分辨率</td><td>四级杆,单离子阱TOF</td><td>全扫描,选择离子检测</td><td>3个离子</td><td rowspan="3">S/N≥3 提取的离子色谱图中的分析物峰必须完全重叠。离子比率在相同序列f的校准标准物的平均值的±30%(相对值)内</td></tr>
<tr><td>串联质谱</td><td>三重四级杆</td><td>SRM或MRM,前体离子分离的质量分辨率等于或优于单位质量分辨率</td><td>2个产物离子</td></tr>
<tr><td>精确质量测量</td><td>高分辨MS:TOF or Q-TOF Orbitrapor Q Orbitrap FT-ICR-MS sector MS</td><td>full scan, limited m/z range, SIM,有或没有前体离子选择的碎裂,或其组合将单级MS和MS/MS与前体离子分离的质量分辨率相结合,等于或优于单位质量分辨率</td><td>质量精度≤5×10^{-6}的2个离子2个离子:1 molecularion, (de) protonated molecule or adduction with mass acc.≤5×10^{-6} plus MS/MS的产物离子</td></tr>
</table>

4.1.6.2 确认

(1)如果初步分析未提供明确的定性或不符合定量分析的要求,则需要进行确证分析。这可能涉及对提取物或样品的重新分析。当超过最大残留限量时,需要对样品的剩余部分进行确证分析。

(2)如果初始验证方法不是基于质谱技术,则验证方法应包括基于质谱技术对分析物鉴定。此外,验证方法应使用基于不同化学性质(如液相色谱和气相色谱分离)的独立方法。在某些情况下,独立实验室的确认可能是可以的。表 4.1.2 总结了满足验证分析方法标准的分析技术的实例。

表 4.1.2 适用于物质确认分析的检测方法的实例

检测方法	标准
液相色谱或气相色谱串质谱联	监测到足够数量的碎片离子
液相色谱二极管阵列光谱法	紫外光谱是特征性的
液相色谱荧光光谱法	结合其他技术
薄层分光光度法	结合其他技术
气相色谱电子捕获,氮磷、火焰光度(ECD,NPD,FPD)检测法	只有当两个或更多分离相结合时适用
液相色谱一免疫分析法	结合其他技术
LC－UV/VIS(单波长)	结合其他技术

4.2 附录 名词定义

分析术语指南(CAC/GL72－2009)

分析物:寻找或确定的化学物质。

分析物保护剂:强烈相互作用以填充气相色谱系统中活性位点的化合物,从而减少分析物与这些活性位点的相互作用,产生较少的峰拖尾或损失,从而获得更高的分析物响应。

适用性:可以合适的地使用分析方法的分析物、基质和浓度。

变异系数(CV):通常称为相对标准偏差(RSD)。

确认:两个或多个彼此一致的分析的组合,其中至少一个符合识别标准。

验证方法:一种能够提供与先前结果一致的补充信息的方法。理想地情况下,使用与第一次分析中不同的化学机制的方法分析不同的子样本,并且其中一种方法满足分析物识别标准,在感兴趣的水平上具有可接受的确定度。

降解物(degradant,degradation product):由于农药的非生物转化(例如热、光、水分、pH 等)而在商品中出现的农药残留的成分。

假阳性:错误地表明分析物存在或超过指定浓度(例如 CXL/MRL 或报告水平)的结果。

假阴性:错误地表明分析物不存在或不超过指定浓度(例如 CXL/MRL 或报告水平)的结果。

加标:添加分析物以确定回收率(也称为加标)。

鉴定:明确确定残基定义的所有或任何组分的化学特性的过程。

发生的残留物:由于实际使用农药或动物消耗或现场环境污染而导致的商品中的残留物,与实验室加标样品所产生的残留物不同。

干扰:与(分析物所带电荷、化学性质,或仪器、环境、方法,或样品相关其他因素)无关的内在或外在反应(例如噪音)。

干扰物:引起干扰的化学品或其他因素。

内标(IS):在化学分析中以已知量添加到样品和/或标准品(空白和校准标准品)中的化学品。然后通过绘制分析物信号与内标信号的比例作为浓度的函数,将该物质用于校准。然后使用该样品的比例来获得分析物浓度。为了使两个信号易于彼此区分,所使用的内标需要在大多数方面提供的信号与分析物信号相似但不同。

检测限(LOD):样品中可检测(但未定量)的分析物的最低浓度或质量。实际上,这通常是平均信号/噪声为 3 的分析物浓度。

定量限(LOQ):可以量化的分析物的最小浓度。它通常被定义为测试样品中分析物的最小浓度，可用在所述测试条件下以可接受的精度（重复性）和准确度来确定。对于本文档的范围，这通常是平均信号/噪声为10的分析物浓度。（另见第26段）。

线性：在一定范围内分析方法提供仪器响应或结果的能力与实验室样品中确定的分析物数量成比例。

最低校准水平（LCL）：通过分析批次成功校准测定系统的最低浓度（或质量）。

最低验证水平（LVL）：符合方法性能标准的最低的经验证的加标等级。

基质：用于农药残留研究的材料或成分（例如食品）。

基质空白：样品材料或样品部分，不含达到可检测浓度的目标分析物。

基质效应：样品中一种或多种未检测到的组分对分析物浓度或质量测量的影响。

基质匹配标准：在基质空白（类似于样品）的最终提取物中制备的标准溶液。

代谢物：由于生物系统（例如植物、动物）中农药的生物转化（代谢）而在商品中出现的农药残留的组分。

多残留方法（MRM）：一种可以确定通常来自不同化学类别的大量化合物的方法。

精密度：围绕平均值测量的可变性程度。

定量方法：一种能够产生分析物浓度（确定性）的方法，其真实性和精确性符合既定标准。

回收率：以最初添加到适当基质样品中的分析物（按残留定义）的百分比测量的量，其中不含可检测水平的分析物或已知的可检测水平。恢复实验提供有关精度和真实度的信息，从而提供方法的准确性。

相对标准偏差（RSD）：标准偏差除以算术平均值的绝对值，以百分比表示。它指的是方法的精度（也称为变异系数CV）。

重复性：重复性：精度通常表示为RSD，在短时间内从相同的测量程序或测试程序获得、同一个运营商、在相同条件下使用的相同测量或测试设备、相同的位置获得的重复。

再现性：来自观察条件的精度（通常表示为RSD），不同的操作员使用不同的设备，使用相同的方法在不同的测试或测量设施中对相同的测试/测量项目获得独立的测试/测量结果。

残留物定义：待分析化合物的光谱，可包括母体化合物、代谢物、异构体、反应产物和/或降解物。残留物定义通常由监管机构确定。

适用性：衡量分析程序的能力，以保持不受方法参数中的微小变化的各种影响，并在正常使用期间提供其可靠性的指示。样品制备：涉及提取样品的测试部分，其清理以及导致样品溶液进行分析的其他步骤。

筛选检测限(SDL)：已显示具有95%置信水平的确定性的最低加标水平。

筛选方法：满足预定标准以检测分析物或分析物类别的存在或不存在的方法，其等于或高于最小目标浓度。

选择性：方法可以在多大程度上确定混合物或基质中的特定分析物，而不会受到类似行为的其他组分的干扰。

灵敏度：测量系统指示变化的数量以及被测量值的相应变化。

SIM：选择离子监测，一种质谱检测技术。

单残留法：一种确定单一分析物或一小组具有相似物理化学性质的分析物的方法。

标准添加：标准添加的方法是一种有时用于分析化学的定量分析方法，其中将已知量的分析物直接添加到最终提取物的等分试样中的方法。

TOF：飞行时间，质谱中使用的检测方法。

真实性：无限数量的重复测量数量值的平均值与参考数量值之间的一致性的接近程度。

不确定性：与测量结果相关的参数，其可以合理地表征测量的分散的原因。

5 韩国农药残留检测方法标准和质量控制体系

韩国自 2016 年 12 月 31 日开始实施农药残留肯定列表制度(Positive List System,PLS),也称为"一律限量",即对韩国未制定农药最大残留限量的农药/农产品,采用统一残留限量标准 0.01 mg/kg,适用范围为水果、坚果及种子、热带和亚热带水果。韩国食品医药品安全厅 2019 年 1 月 1 日对所有的农产物施行农药允许物质目录管理制度(PLS),对允许的农药设定限量管理,其他按照未检出水平(限量为 0.01 mg/kg)管理。

5.1 多类农药多残留分析方法 (Multi class pesticide multiresidue methods)

5.1.1 检测法的适用范围

用于谷、粟、豆、坚果、水果、蔬菜、蘑菇等食品检测。

5.1.2 分析原理

利用丙酮提取检测样品之后,采用硅酸镁载体柱层析法进行净化,再用气相色谱仪进行检测。

5.1.3 装置

气相色谱仪:电子捕获检测器(electron capture detector,ECD),火焰光度检测器(flame photometric detector, FPD)或氮磷检测器(nitrogen phosphous dectector,NPD),火焰离子化检测器(Flame Ionization Detector,FID)

5.1.4 试剂

(1)溶剂:检测残留农药专用。

(2)水:蒸馏水或其他同级水。

(3)其他试剂:特级。

(4)标准原液:将对应于各农药成分的标准试剂溶于己烷等溶剂中,调配成 100 mg/L 浓度,作为标准原液使用。

(5)标准溶液:利用乙烷、丙酮等溶剂,对标准原液进行混合和稀释,配制适当浓度标准溶液。

5.1.5 样品前处理方法

5.1.5.1 提取

(1)对水果、蔬菜等非脂肪性食品检测样品进行细切或搅碎,并搅拌充分之后,称取 100 g 样品,并将其放入均化器容器之内,倒入 200 mL 丙酮之后,高速搅拌 2 分钟,进行均质化之后,利用底部铺一层滤纸(Sharkskin paper)的 12 cm 布氏漏斗进行吸滤,将滤液聚集在 500 mL 吸滤瓶(Suction flask)中,记录滤液量(此时,过滤需要在 1 分钟之内完成,为了排除分析时可能会产生的杂质干扰，在进行检测样品过滤之前，应利用丙酮洗涤滤纸之后）。取该滤液80 mL，移至1 L分液漏斗中，★再放入100 mL石油醚以及100 mL二氯甲烷，进行剧烈震荡1分钟之后，停滞并进行层分离。将下层液体（水层）移至其他1 L分液漏斗中。上层液体需要通过事先填充了约4 cm无水硫酸钠，并用玻璃棉（事先用丙酮以及乙醇清洗之后，再做干燥处理）堵塞的漏斗（10 cm），进行脱水处理，并将其放入Kuderna-Danish浓缩器中。在留有水层（下层）的分液漏斗中加入7 g氯化钠，剧烈震荡30秒，让氯化钠充分溶解之后，再放入100 mL二氯甲烷剧烈震荡之后，停滞并进行层分离。采用上述方法对溶剂层（下层）进行脱水，并放入Kuderna-Danish浓缩器中，然后，在水层（上层）中放入100 mL二氯甲烷，重复同上操作之后，将产物汇集到以上Kuderna-Danish浓缩器中，利用50 mL二氯甲烷洗涤漏斗中无水硫酸钠之后，将液体汇集到Kuderna-Danish浓缩器中。放入沸石，用低温缓慢浓缩至100～150 mL，之后，再升温，浓缩至约2 mL。将100 mL石油醚通过Kuderna-Danish浓缩器的斯奈德柱（Snyder tube column）之后汇入，并继续浓缩至约2 mL。然后，继续重复以上操作方法，再放入50 mL石油醚，浓缩至约2 mL，再放入20mL丙酮，浓缩至约2 mL。此时，在溶剂并没有完全蒸发的状态下（留下少量溶剂），取一定量的丙酮，作为检测溶液待用。

(2)将谷物、豆类以及坚果等脂肪性食品检测样品研磨至20目左右，取30 g样品放入均化器中，再放入含有30%水的350 mL丙酮，进行2分钟高速均质化之后，通过已铺好滤纸的12 cm布赫纳漏斗，进行过滤，将滤液接到500 mL吸滤瓶中（此时，过滤需要在1分钟之内完成，为了排除分析时可能会产生的杂质干扰，在进行检测样品过滤之前，应利用丙酮洗涤滤纸之后再使用），记录滤液量。取该滤液80 mL，移至分液漏斗，并按如前述检测溶液的配制和“(1)水果、蔬菜等非脂肪性食品”部分的“★”所述步骤进行试验，在溶剂完全蒸发之后，立即将残留物溶入乙腈饱和石油醚，再倒入125 mL分液漏斗Ⅰ中，此时，使分液漏斗中的乙腈饱和石油醚总量保持在15 mL左右。之后，放入30 mL石油醚饱和乙腈，进行1分钟剧烈震荡，停滞并进行层分离。将乙腈层倒入事先已放入650 mL水、40 mL饱和氯化钠以及100 mL石油醚的1 L分液漏斗中。继续向分液漏斗Ⅰ中加入30 mL石油醚饱和乙腈，进行1分钟剧烈震荡，停滞并进行层分离。重复以上操作2次，并将乙腈层汇集到前述1 L分液漏斗中。之后，在保持1 L分液漏斗的水平状态下，进行30～45秒剧烈震荡，使之充分混合，进行层分离，将水层移至其他1 000 mL分液漏斗中，然后，再在其中放入100 mL石油醚或者己烷，进行15秒剧烈震荡之后，停滞并进行层分离，倒掉水层。将石油醚层与前述石油醚层汇集在一起，每次用100 mL水，进行2次轻摇清洗，将石油醚层通过内径 25 mm、长度为 50 mm 的无水硫酸钠柱，进行脱水，然后将液体倒入 Kuderna-Danish 浓缩器中。每次用 30 mL 石油醚清洗柱体，进行 3 次清洗，将洗液汇集到 Kuderna-Danish 浓缩器中，利用温度保持在 40 ℃以下的水浴，浓缩至一定量，作为检测溶液待用。对于通过该方法影响试样精制效果的检测样品等，应将所有乙腈层汇集在一起，放入 30 mL 乙腈饱和石油醚，进行 1 分钟剧烈震荡之后，停滞并层分离，然后，将乙腈层倒入事先已放入 650 mL 水、40 mL 饱和氯化钠，以及 100 mL 石油醚的 1 L 分液漏斗中(用于清除微量残留脂肪成分)。

5.1.5.2 净化

将内径为 22 mm 的柱体内填充放入 40～50 mL 石油醚或已烷进行活化处理的 20 g 硅酸镁载体之后，再在其上方放入柱长约为 1 cm 的无水硫酸钠。在柱体上端留下少量溶剂，剩余全部放掉，之后，将其以上浓缩液体放入柱内，再用少量石油醚或已烷清洗容器两次，将这些清洗液体全部倒入柱内，保持约 5 毫升/分钟速度放掉，利用少量石油醚或已烷清洗柱体内壁。然后，保持 5 毫升/分钟流速，通过含有 6%乙醚的石油醚或者含有 6%乙醚的已烷混合液 200 mL，回收所流出的该混合液，换回收混合液容器之后，保持5 毫升/分钟流速，通过含有 15%乙醚的石油醚或者含有 15%乙醚的已烷混合液 200 mL，回收所流出的该混合液。再次换回收混合液容器之后，保持 5 毫升/分钟流速，通过含有 50%乙醚的石油醚或者含有 50%乙醚的已烷混合液 200 mL，回收流出的该混合液。对所回收的各流出液体分别进行减压浓缩，浓缩至 5 mL 以下一定量，将其作为检测溶液待用。

5.1.6 **检测**

5.1.6.1 气相色谱仪检测条件

(1)填充柱(Packed column)。

固定相载体：气相色谱仪专用色谱载体 W(AW－DMCS)，色谱载体 G(AW－DMCS)或其他同级载体。

固定相液体：利用 100%甲基硅氧烷(Methyl siloxane)，50%苯基(Phenyl) 50%甲基硅氧烷(Methyl siloxane)，50%氰丙基(Cyanopropylphenyl)50%甲基硅氧烷(Methyl siloxane)，2%聚丁二酸乙二醇(DEGS)(稳定 Stabilized)进行 3%～5%包裹，或者采用同级其他固定相液体。

玻璃管：内径 2～5 mm，长度为 100～200 cm 的玻璃管。

(2)毛细管柱(capillary column)：将适合用在具有 0.2～0.32 mm 或 0.53 mm 内径的30 m毛细管玻璃柱的固定相液，进行化学结合或交叉结合涂裹处理。

(3)检测溶液进样口以及检测器温度:分别为 220 ℃和 250 ℃。

(4)柱温:保持在 130 ℃～230 ℃范围内的恒温(根据需要适当调节温度)。

升温:根据测定农药种类以及设备状态,进行适当调节。

(5)载气(carrier gas)及其流量:适当调节氮气或氦气流量。

(6)检测设备气体流量(FPD,NPD):适当调节氢气和空气。

5.1.6.2 校准曲线的绘制

适量取不同浓度标准溶液,分别注入气相色谱仪内,根据所获得的色谱,计算各峰高或峰面积,绘制校准线。

5.1.6.3 定性试验

关于根据以上条件所获得的色谱上的峰,不管在何种测定条件,应与标准溶液峰的停留时间相一致。

5.1.6.4 定量试验

根据通过定性试验所得到的结果,选择合适的柱填料,进行气相色谱法检测,并根据峰高法或峰面积法进行定量检测。

5.2 食品中除草剂氟吡草酮(Bicyclopyrone)检测方法——液相色谱一质谱/质谱法

化学名称:4－羟基－3－{2－[(2－甲氧乙氧基)甲基]－6－(三氟甲基)－3－吡啶羰基}－双环[3.2.1]辛－3－烯－2－酮,CAS 号:352010－68－5

5.2.1 试验方法适应范围

谷物类、薯类、豆类、水果类、菜蔬类等食品。

5.2.2 分析原理

使用乙腈将试验标本中包括母体化合物和代谢产物 SYN503780 以及 CSCD686480 提取,然后通过氧化反应使母体化合物转化成 SYN503780,而含有 SYN503780 基以及 CSCD686480 基的代谢产物则分别转化成 SYN503780 和 CSCD686480 成分。氧化反应后溶液使用 HLB 固相萃取进行净化后,通过液相色谱—质谱分析仪进行测试。

5.2.3 设备

液相色谱—质谱分析仪。

5.2.4 试剂和溶剂

(1)试剂:残留农药试验用溶媒或者特级产品。

(2)水:经过 3 次蒸馏的蒸馏水或者具有同等效力的产品。

(3)标准储备液:使用乙腈溶解 SYN503780 和 CSCD686480 标准品制成

1 000 mg/L标准。

(4)基质标准溶液:将标准原液和试验样本提取液相互混合调制成标准浓度。

(5)HLB 固相萃取柱:HLB(500 mg,体积 6 mL)或者相当者。

(6)其他试剂:残留农药试验用试剂或者特级产品。

5.2.5 样品前处理

5.2.5.1 提取

将试验标本粉碎均质化处理。准确称取 10 g(对于谷物类和豆类,采集 1 kg搅拌,然后将其粉碎使其能够通过 420μm 标准筛后称取;对于薯类、水果类和菜蔬类,取其 1 kg 将其粉碎后直接称取)放入均化器中(属于谷物类和豆类,添加 20 mL 蒸馏水并放置 30 分钟)加入 50 mL 的乙腈溶液使用振荡器震荡 10 分钟。使用垫有过滤纸的布氏漏斗过滤提取液,并使用 20 mL 的乙腈清洗布氏漏斗中剩余的残渣并倒入过滤液中,接着将上述过滤液放置在温度不超过 40 ℃的水浴中减压浓缩。向浓缩液中添加 1 mL 的 30%过氧化氢溶液和 1 mL 的 0.05 mol/L 过氧化钠溶液,然后放置在超声波清洗器上混合均匀,接着在常温状态下放置 3 小时进行氧化反应。向上述氧化反应液体中添加 1 mol/L 盐酸将液体 pH 调整至 2～3。

5.2.5.2 净化

向 HLB 固相萃取柱中注入 5 mL 的乙腈溶液并设定成 1～2 滴/秒流速使其流出,经过 HLB 的此乙腈溶液弃去。向 1)节提取步骤中的氧化反应液体中添加 3 mL 的蒸馏水并混合,然后全部注入至固相萃取柱的上方并调整至 1～2 滴/秒流速使其经过过滤器。然后使用 5 mL 的乙腈/水(5/95,*v*/*v*)洗涤,并弃去混合溶液,接着使用 10 mL 的乙腈/水(30/70,*v*/*v*)混合溶液,按照 1～2 滴/秒流速标准再次溶出并在底部使用烧瓶承接流出的溶液。将上述溶液放置在温度不超过 40 ℃的水槽中减压浓缩到干并加入 10 mL 的乙腈溶解,最后使用薄膜过滤器(尼龙材质,0.2μm)进行过滤制成试验溶液。

5.2.6 色谱及质谱条件

(1)液相色谱分析条件。

①色谱柱:C18 系列反相色谱柱或者相当者。参考使用为色谱柱(XBridg-eR21 mmx100 mm3.5 μm)。

②色谱柱温度:40 ℃。

③流动相:

流动相 A:含有 0.1%甲酸的乙腈溶液。

流动相 B:含有 0.1%甲酸的水溶液。

梯度洗脱条件:0～3 min,10%A;3～4 min,10%A～20%A;4～5.5 min,20%A～50%A;5.5～6.5 min,50%A～45%A;6.5～7 min,45%A～30%A;6.5～7 min,45%A～30%A;7.0～10.0 min,30%A～10%A;

④流动相流速:0.3 mL/min。

⑤进样量:1 μL。

(2)质谱分析条件。

①离子化方法:正离子模式电喷雾离子化。

②毛细管电压(Capillary voltag)e:1.7 kV。

③碰撞气体(Collision gas):氩气(Ar)。

④锥电压(Cone voltage):14V(SYN503780),30V(CSCD686480)。

表 5.2.1 液相色谱—质谱分析用特征离子※

化合物名称	分子量	母离子	子离子	碰撞能量(eV)
SYN503780	279.2	280	204/59	19/16
CSCD686480	265.2	266	204/128	16/34

※底部画横线的部分为定量离子,除此之外的为定性离子。

※测量各生成离子的质谱仪各项标准调整至测量最佳状态,表 1 中没有显示的生成离子也可适用本标准。

5.2.7 校准曲线制作

采集各种浓度标准的标准溶液分别注入至液相色谱一质谱分析中,然后根据色谱图中的峰值和面积制作标准曲线。

5.2.8 标准品的色谱图

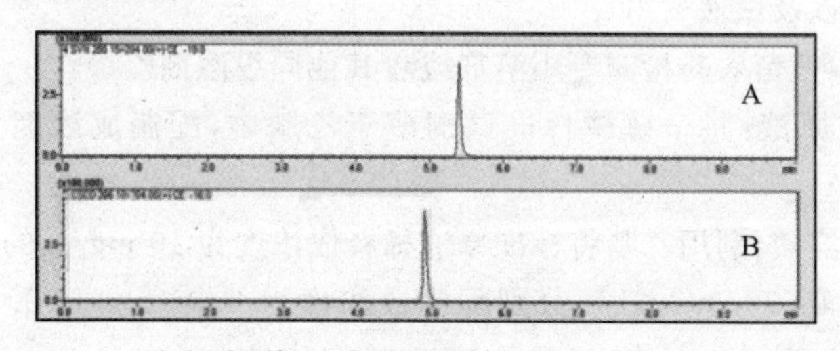

图 5.2.1 液相色谱—质谱分析仪中显示的标准品色谱图

A:SYN503780(5.4 分),B:CSCD686480(4.9 分)

5.2.9 定量限

SYN503780:0.005mg/kg,CSCD686480:0.005mg/kg

5.2.10 定量计算

将通过上述试验条件得到的色谱图峰值与标准溶液峰值停留时间一致时的高度和面积代入校准曲线中进行定量,然后乘以各自的换算系数对氟吡草酮进行定量。

氟吡草酮换算系数：

①对于 SYN503780 的氟吡草酮换算系数＝1.43（氟吡草酮分子量 399/SYN503780 分子量 279）

②对于 CSCD686480 的氟吡草酮换算系数＝1.51（氟吡草酮分子量 399/SYN503780 分子量 265）

5.2.11　**确认试验**

通过液相色谱—质谱分析仪上的保留时间和特征离子对 SYN503780 和 CSCD686480 进行确认。

5.3　植物源性食品中辛硫磷检测方法——气相色谱法和液相色谱一质谱/质谱法

5.3.1　**检测法的适用范围**

水果类、蔬菜类、谷物类、豆类

5.3.2　**分析原理**

利用丙酮提取检测样品中的辛硫磷之后，在利用液一液分配以及硅酸镁载体柱进行精制，再利用液相谱仪进行分析。

5.3.3　**装置**

(1)液相色谱仪：使用紫外光度检测器(UV photometric detector)。

(2)使用液相色谱仪和质谱仪(LC/MS)。

5.3.4　**试剂以及试液**

(1)溶剂：残留农药检测专用溶剂或者其他同级溶剂。

(2)标准原液：将辛硫磷标准试剂溶于乙腈中，配制成浓度为 500 mg/L 溶液。

(3)标准溶液：利用乙腈将标准原液稀释成浓度为 10 mg/L 的溶液，再利用乙腈/水混合液(70/30，v/v)，分别配制成浓度为 0.05 mg/L、0.1 mg/L、0.2 mg/L、0.5 mg/L、1.0 mg/L以及 2.0 mg/L 的溶液。

(4)硅酸镁载体：在 130 ℃条件下对填充柱色谱仪专用硅酸镁载体(60～100 目)进行一夜加热烘干之后，将其放入干燥器中保存待用。

(5)其他试剂：残留农药检测专用试剂或者特级试剂

5.3.5　**样品前处理**

5.3.5.1　提取

将约 1 kg 谷物以及豆类粉末利用 420 μm 标准筛过筛，将约 1 kg 蔬菜类以及水果类进行粉碎成检测样品；准确称取检测样品 25 g，将其放入均质器中（对于谷类以及豆类，加入 40 mL 水，停放 10 分钟），加入丙酮 100 mL，保持 200 rpm转速进行 1 小时震荡提取。利用已铺好滤纸的布氏漏斗，进行减压过滤，并移至 1L 分液漏斗中。在分液漏斗中加入 50 mL 氯化钠饱和溶液、450 mL水以及 50 mL 二氯甲烷之后，剧烈震荡，静置，取二氯甲烷层。再次取 50 mL 二氯甲烷，重复以上过程之后，汇集两次滤液，通过无水硫酸钠进行脱水。在 40 ℃以下水浴中，对二氯甲烷提取液进行减压浓缩之后，将残留物溶入 10 mL正己烷中。

5.3.5.2　净化精制

在内径为 1.5 cm、长度为 40 cm 的管柱之内先填充 10 g 硅酸镁载体，再填充约 2 g 无水硫酸钠之后，加入 50 mL 正己烷之后流出，使少量已烷留在上端。将上述用已烷溶解的溶液 10 mL 放入柱体内，以约 3 mL/min 流速流出。在吸附剂表面露出液面之前，加入 100 mL 二氯甲烷/已烷混合液（40/60，*v*/*v*）流出。加入 100 mL 二氯甲烷/已烷混合液（70/30，*v*/*v*）。在 40 ℃以下水浴中，对该浸出液进行减压浓缩到干。将残留物充分溶入 3 mL 乙腈中，加入 2 mL 水之后进行混合，作为检测溶液待用。

5.3.6　检测步骤

（1）液相色谱仪测定条件：

①柱体：C18（4.6 mm×250 mm，5 μm）

②检测设备：紫外光度检测器（UV photometric detector）（检测波长 281 nm）

③柱温度：40 ℃

④流动相：乙腈/水混合液（70/30，v/v）

⑤流动相流量：1.0 mL/min

⑥试样注入量：20 μL

5.3.7　校准线的绘制

定量移取不同浓度标准溶液，分别注入液相色谱仪中。根据所获得的色谱，计算各峰高或峰面积，并绘制校准线。

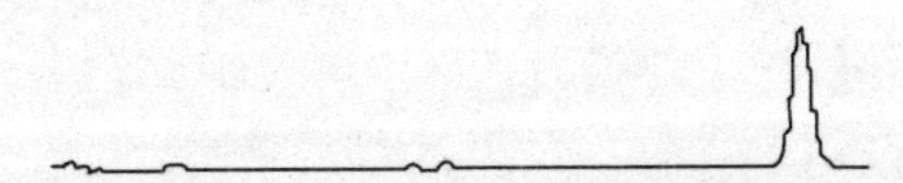

图 5.3.1　利用液相色谱仪所检测到的标准试剂色谱，辛硫磷（9.3 分钟）20 ng

5.3.8　定量

定量限 0.02 mg/kg。

5.3.9 **计算**

当根据定量试验条件所获得的色谱上的峰与标准溶液峰的停留时间一致时，利用峰高法或面积法进行定量计算。

5.3.10 **确认试验**

可利用液相色谱仪—质谱仪上的停留时间以及质谱仪谱图，确认农药成分。

5.3.11 **液相色谱仪、质谱仪检测条件**

①柱体：C18(15 cm×2.0 mmID，3 μm)或其他同级柱体。

②柱温：30 ℃。

③流动相：乙腈/水混合液(65/35，v/v)。

④流动相流量：0.2 mL/min。

⑤试样注入量：10 μL。

⑥离子化方式：正离子模式(ESI positive-ionmode)。

⑦分子量范围：100～500。

⑧毛细管温度(Capillary temperature)：350 ℃。

⑨锥电压(Cone voltage)：80 V。

6 欧盟农药残留检测方法标准和质量控制体系

欧盟农药残留参考(基准)实验室(EU reference laboratories for residue of pesticides)按照欧盟指令 Regulation (EC) No 882/2004 建立,目标是提高官方控制实验室结果的质量、准确度和可比较性,是由成员国的高等院校和科研机构组成。负责组织能力验证和建立检测方法。欧盟的食品和兽医办公室(FAO)同时管理食品和饲料。

2007 版—2011 版由瑞典食品管理局的 Tuija Pihlström 博士作为协调员,2013 版—2017 版由瑞典食品管理局的 Tuija Pihlström 博士和蔬菜水果、粮谷饲料、动物源产品的四家欧盟农药残留参考(基准)实验室的专家作为协调员,顾问委员会由官方检测机构、高等院校,科研机构相关专家组成。

6.1 食品和饲料中农药残留分析的方法验证和质量控制程序

6.1.1 引言和法律背景

(1)本指南主要针对欧盟从事食品和饲料中农药残留分析的官方实验室。本文件描述了方法验证和分析质量控制(AQC)要求,以确保农药残留官方监控框架下的数据报告的有效性,并用于检查遵从最大残留限量(MRLs)、执法行动或消费者暴露于农药风险的评估。

主要目标是:

在欧盟内提供一个统一和廉价的质量保证和控制体系;

——确保分析结果的准确性和可比性;

——确保实现可接受的准确度;

——确保避免假阳性或假阴性结果;

——确保遵守 ISO/IEC17025 认可标准。

(2)对于术语的定义和解释见词汇表(附录 D)。

(3)本文档是 ISO/IEC 17025 的补充和组成部分,因此,根据 ISO/IEC 17025D 的要求在官方农药残留实验室的审核和认证过程中应该参考此文件。

根据欧盟规章(EC)882/2004 号条例第 12 条,对农药残留进行官方控制的实验室必须满足 ISO/IEC17025 的要求。根据规章 882/2004 中第 11 条的规定,在官方监控实验室使用的分析方法应遵守相关团体规则或国际公认的规则或协议,或在上述情况下与其他方法相协调并能达到预期的目的或发展出与之相一致的科学方法。若上述情况都不适合,分析方法的验证可能会进一步按照国际可接受的方法在单一实验室中进行。根据欧盟规章 396/2005 中条款 28 的要求,与测定农残的分析方法相关的特定的验证标准和质量控制程序所要求的技术指南可能与本法规中 45(2)条款所涉及程序文件相符合。本文件必须在欧盟所有成员国一致认可其所规定的欧盟范围内的官方农药残留分析的科学方法的情况下才能生效,同时本文件构成规章 396/2005 中条款 28 的技术指标。

6.1.2 实验室样品的取样、运输、追溯和贮存

6.1.2.1 取样

实验室应按照指令 2002/63/EC 或其替代法规的要求采集样品。有关饲料的规定在法规 152/2009 和修正案的附录 1 中列出。若是在大量样品中随机取样方法无法实现,所采用的其他取样方法必须做出记录。

6.1.2.2 样品运输

(1)样品必须在适当的条件下运送到实验室,例如要用干净的容器盛放,包装也必须坚固。透气的聚乙烯塑料袋可以用来盛放样品,但低渗透袋(如尼龙薄膜)只能用来盛放熏蒸剂残留分析的样品。零售预包装的样品,在运送过程中不能去掉包装。非常易碎或易腐烂的产品(如成熟的草莓)可能要冷冻,以避免腐败,在运送过程中需加"干冰"或类似的东西保持低温,以避免在运输过程中解冻。在收集时间冻结的样品必须保证没有解冻。低温可能受到损坏的样品(如香蕉),必须同时使用常温保护。

(2)样品的快速运送——特别是在一天内运到实验室——是保持样品新鲜的重要手段。送到实验室样品条件应符合可辨识购买者,否则样品通常被认为不适宜进行分析。

6.1.2.3 样品可追溯性

(1)为了保证样品的可追溯性,样品必须清楚地以不可消除的方式标注,以防止不慎遗失或混淆标签。应避免使用含有有机溶剂的标记笔去标注进行熏蒸剂残留分析的样品袋,特别是在使用到电子捕获器检测的情况下。

(2)实验室给每个样品分配一个唯一的参考代码。

6.1.2.4 样品贮藏

不能立即分析的实验室样品应存放在不易腐烂的条件下。新鲜的产品应该存放在冰箱里,但是通常不超过 5 天。干燥的产品可以在室温下储存,但如果预计存储时间超过两周,应在冰箱中留样存储。

6.1.3 样品制备与处理

6.1.3.1 样品制备与处理

①所有样品的制备和处理应在样品衰减和农药损失最小化的前提下完成。对于非常不稳定或易挥发的农药的残留物应该开始和处理过程可能导致分析物的损失的样品的处理应尽快完成,但最好是在样品接受当天完成。

②样品制备、处理和留样应在样品变质之前完成。商品的分析要求见法规

(EC)396/2005 号附录 1。

③样品处理和储存程序应保证不会对分析的样品中的残留造成显著影响(参见指令 2002/63/EC)。有足够的证据证明在常温下粉碎(切割和均质)对某些农药残留的降解有很大影响,建议样品在低温下均质(例如冷冻或者在干冰的存在下)。如果粉碎过程中会影响到残留物的含量(如二硫代氨基甲酸或熏蒸剂),同时又没有替代程序的,测试样应为完整的商品或从大的物品单元上取出部分。对于其他分析,需要粉碎整个样品。为了提高低水分商品(例如谷物,香料,干草药)的提取效率,建议获得更小粒径,优选小于 1 mm。粉碎过程应以避免样品持续加热,因为热量会导致某些农药的损失。

④样品粉碎应确保样品均匀,以确保留样变异性是可接受的。如果这是不可实现的,则应该考虑采用较大的组分或重复部分,以便能够获得对真值的更好估计。在均匀化或碾磨时,样品可以分离成不同的组分,例如水果的果肉和果皮,谷物中的果壳和胚乳。这种分级可以因为尺寸、形状和密度的不同而发生。由于农药可以在不同组分之间分布不均匀,因此确保分析测试部分中的组分与原样品中的组分比例相同是很重要的。建议在冰箱中储存足够数量的子样品或分析测试部分,用于可能需要的分析/重复分析的数量。

6.1.3.2　样品混合

(1)只要检测系统足够灵敏,可以选择将样品或样品提取物的混合进行分析(如有机物或农药残留物)。例如,当 5 个样品进行混合,定量限(LOQ)或筛选检测限(SDL)必须至少比报告限(RL)低 5 倍。

(2)在提取之前将子样品混合将减少所需的分析数量,但在某些情况下,需要在取出分析部分之前对混合的子样品进行额外的混合或均质化,也可以在进样前将提取液混合。一旦检出相关残留水平的农药,必须重新分析原始样品或提取物。

6.1.3.3　提取

(1)提取条件和效率。阳性样品(自然产生的样品)中分析物残留物的回收率可能会低于添加样品的回收率。在可能的情况下,可以使用不同的提取条件优化提取效率,如样品处理方法、温度、pH、时间等参数会影响提取效率和分析物的稳定性。为了提高低水分商品(谷物、干果)的提取效率,建议在提取前向样品中加入水。应检查振荡时间对分析物损失的影响,以避免不必要的损失。当农药的最大残留量 MRL 残留物定义包括盐时,使盐解离是非常重要的。这通常是通过在提取过程之前或提取过程加入水来实现的,必要是改变 pH。如果残留物定义包括不能直接分析的酯或共轭物,则分析方法应包括水解步骤。

(2)提取物的净化、浓缩/复溶和保存。

为了减少基质干扰和对仪器系统的污染，提高选择性和稳定性，样品净化或稀释步骤是必要的。利用农药和基质的物理化学差异（例如极性、溶解度、分子大小）进行净化。然而，多残留检测方法中的净化步骤可能导致某些农药的损失。

样品提取物的浓缩可导致基质成分的沉淀，在某些情况下，也可能导致农药损失。用不同溶剂稀释提取物时，由于溶解度降低也可能导致农药损失（例如，用水稀释甲醇或乙腈提取物）。

为了避免蒸发步骤的损失，应在尽可能保持较低加热温度。在蒸干过程中，少量的高沸点溶剂可作为“保护”溶剂使用，同时蒸干过程中应尽可能使用所容许的最低温度。应避免剧烈沸腾或者液滴飞溅的情况。因为空气可能会导致氧化或将水分及其他污染物带入，因此，对于少量液体的蒸发最好采用氮吹或者真空悬蒸的方法，

应在方法验证过程中考察提取液中分析物的稳定性。提取液存放在冰箱或冰柜中可以减少提取物的降解；也不应忽视提取液在较高温度的仪器自动进样器上可能造成的潜在损失。

6.1.3.4 色谱分离和测定

对于食品和饲料样品中农药的定性和定量，样品提取物通常用气相色谱（GC）或高效液相色谱或超高效液相色谱（HPLC 或 UPLC）与质谱（MS）联用进行分析。可以使用各种 MS 检测系统，例如单或三重四极杆、离子阱、飞行时间或轨道离子阱。典型的电离技术是：电子电离（EI）、化学电离（CI）、大气压化学电离（APCI）和电喷雾电离（ESI）。可以使用不同的采集模式，例如全扫描、选择离子监测（SIM）、选择反应监测（SRM）和多重反应监测（MRM）。

由于提供的信息有限，目前较少应用气相色谱选择性检测器（ECD、FPD、PFPD、NPD）和液相色谱（二极管紫外可见检测器、荧光检测器）。即使使用不同极性色谱柱的组合，这些检测器也不能对分析物进行明确的定性。这些限制对于经常检出的农药分析来说是可以接受的，一些结果也要通过更精确的检测技术证实。无论如何，在出具报告时应承认定性的局限性。

6.1.3.5 定量校准

一般要求

最低校准水平（LCL）必须等于或低于对应的报告限（RL）的校准水平。报告限（RL）的校准水平不得低于定量限（LOQ）。

必须使用校准，除非已表明测定系统没有明显的漂移，例如通过监测内标准的响应。校准标准样品应该至少应排在样品序列的开始和结束。如果同一校准标准在两次进样之间的响应漂移超过 30%（最高响应为 100%），则应重新

分析。为了降低假阴性的可能性，对于不包含任何不可接受漂移的分析物的样品，只要与报告限相对应的校准水平处的响应在整个批次中是可测量的，结果就可以接受。如有必要，GC 或 LC 系统的应该先于第一批样品分析前运行。

样品提取液中分析物的响应该在校准标准溶液的响应范围内。必要时，必须将含有高残留量的提取液稀释后在进样，如果标准溶液是基质匹配标准溶液(6.1.3.6)那么基质校准标准溶液也应按比例稀释。

最好使用多浓度水平校准（三个或更多浓度）。必须使用适当的校准函数（例如，线性的、二次的、有或没有加权）。校准标准的计算浓度与实际校准浓度的偏差不应大于±20%。

如果两个水平之间的差异不大于 10 倍并且提供校准标准的响应因子在可接受的限度内，则通过两个水平之间的内插校准是可接受的。各个水平的标准物质响应偏差不应超过 20%（以最高响应为 100%）。

如果样品中分析物的响应接近单级校准标准的响应（在±30%内），则单级校准也可提供准确的结果。当分析物以与 LCL 相对应的水平添加到样品中用于回收率测定时，可使用 LCL 上的单点校准来计算回收率<100%。这个特定的计算仅用于显示在 LCL 处获得的分析性能，并不意味着可以这种方式确定残留物<LCL。

在可行的情况下，每个测定应该对的所有目标分析物进行校准。如果需要极大量的校准时，必须确保进行最小量代表分析物的校准。对于代表分析物的结果可靠性的认定需与不正确结果的增加风险性相关联，尤其与假阴性的风险增加相关。因此，代表性分析物必须非常仔细地选择，以提供足够的证据表明所有分析物都是可以用来实现所有分析的。选择时要根据样品中最可能检出残留的分析物和较难分析的分析物的物理化学特性来确定。在每批样品中的代表分析物必须在至少 15 个分析物外加在中所有分析物的 25%的数量下进行校准。例如，如果仪器方法的分析范围涵盖 40 个分析物，那么测定系统必须对至少 25 个代表分析物（15+0.25×40）进行校准。如果要检测的分析物是 20 个或更少，那么所有分析物应进行校准。表 6.1.1 中给出了校准所需的最低频率。

表 6.1.1　校准所需的最低频次

	代表性分析物	所有其他分析物
校准所需的最低频次	每批实验	至少三个月进行一次
	在批次的分析物种，至少有一个校正水平要与报告限相一致	至少有一个校正点要与报告限相一致

若样品中检出不是代表分析物的农药残留量的等于或高于报告水平，那么样品需要用一个定量方法重新分析。当初步结果表明农药残留可能会被超过最大残留限量 MRL 的情况下，必须重新取样分析并给出可接受的回收率[见第 6.1.3.12(2)]。当标准添加方法如 6.1.3.7 所述时，或当在提取之前采用同位素内标添加的同位素稀释方法时，添加回收可以省略。

6.1.3.6 基质匹配校准

在 GC 和 LC 方法中经常出现基质效应，并且应该在初始方法验证阶段进行评估。基质匹配校准是常用的。通常用基质匹配标准来补偿基质效应。相同类型的样品的空白基质的提取物应用于校准。另一种可行的方法补偿 GC 分析中的基体效应是使用分析物保护剂，将其同时添加到样品提取物和校准标准溶液中，以便在溶剂校准标准和样品提取物中平衡农药的响应。最有效的补偿基质效应的方法是标准加入或同位素内标的应用。

在 GC 分析中，可以使用单个或混合的代表性的基质来校准一批的不同类型样品。虽然这比使用溶剂标准校准更好，但是没有对应样品的基质匹配校准准确度高。建议对相对基质效应进行评估，并相应地修改该方法。

LC－MS 中基质效应的补偿更难实现，因为基质效应取决于不同的农药与共同提取的不同商品的基质成分。因此，与 GC 相比，使用代表性的基质匹配校准效果要差。

6.1.3.7 标准添加

标准添加可能被用作基质匹配校正标准的替代方法。特别推荐标准添加用于超过 MRL 和/或没有合适的空白基质溶液来配制基质匹配的标准溶液下的已知分析物的定量。标准添加是指待测样品在被一分为三(或更多)分析组分时的一种程序。一份正常检测，剩下样品在抽提前加入已知量的标准分析物进行检测。添加的分析物标准应是样品中分析物的预计值的一到五倍。此程序旨在确定样品中待测组分的含量，从根本上考察分析程序的回收率，同时补偿基质效应。在“未加标”的样品中待测物的含量是通过简单的比例来计算的。这种技术假设样品中待测物的一些可能的浓度，以便于添加与样品中原有的待测物相近的量。若待测物的浓度完全未知，则配制一系列浓度梯度增加的待测物是很有必要的。在这种情况下可以建立一个与普通标准校正曲线类似的校准曲线。这种技术可对回收和校准自动进行调整。标准添加的方法不可能克服由共同提取物中而来的重叠/未分辨的色谱峰带来的色谱干扰。在标准添加方法中，样品中未知浓度的待测物是从外部得来，因此需要得到一个符合浓度范围的线性响应易确保结果的精确。

在进样前添加至少两个已知量的分析物样品提取液种是另一种形式的标

准添加，在这种情况下，仅用于校准可能的进样误差和基体效应，而不是用于低水平的添加回收。

6.1.3.8　农药混合物对校准的影响

使用纯溶剂配制的混合分析物溶液进行校准时需要确认和从单独分析物中获得的检测器响应具有相近的值，并确定此方法有效；若响应值有显著差异，则需在基质中使用单标准溶液或添加标准的方法对残留进行定量。

异构体农药的校准

农药为异构体(或类似)校准标准溶液的定量可以通过使用总峰面积、总峰高或测量单个组分(无论哪个是最准确的)来实现。如氯氰菊酯。

6.1.3.9　程序标准

程序标准是另一种类型的校准。这种方法可以补偿基质效应和与某些农药/商品相关的低提取回收率，特别是在同位素标记标准不可用或成本过高的情况下。它仅适用于同一类型的一系列样本。在萃取之前，用不同量的分析物对空白样品加标，从而制备过程标准，然后以与样品完全相同的方式分析程序标准。

程序标准校准的另一个应用是需要衍生的农药，但衍生品的参考标准不可用，或者衍生产率低或高度依赖于基质。在这种情况下，建议在衍生步骤之前将标准加入空白基质提取物中。在这种情况下，程序标准校准也将补偿不同的衍生化产率。

6.1.3.10　衍生标准或降解产物的校准

如果农药以衍生物或降解产物形式被确定，则校准标准溶液应采用衍生物或降解产物的纯参考标准品来配制

不同内标的使用

内标(IS)是在分析过程的特定阶段添加到测试样品或样品提取液中的已知含量的化合物，以便检查分析方法(部分分析方法)的操作是否正确。IS应该是化学稳定的和/或典型地显示与目标分析物相同性质的物质。

在分析方法的不同阶段加入内标作用不同。进样内标(I－IS)，也称为仪器内标，在测定步骤(即进样时)之前添加到最终提取物中。它将允许对注射体积的变化进行检查和校正。方法内部标准(P－IS)是在分析方法开始时添加的内标，可以校正解决方法中所有阶段的各种误差源。也可以在分析方法的不同阶段添加IS，以校正在分析方法的特定阶段期间可能发生的系统误差和随机误差。在选择IS时，应确保它们不干扰目标分析物的分析，并且它们不可能存在于待分析的样品中。

对于多残留方法，为避免单个IS的回收率和补偿的误差，建议使用多个

IS。如果仅用于调整体积变化影响，IS 应该表现出最小的损失或基体效应。当分析具有相似性质的特定分析物组时，可以选择与感兴趣的分析物具有相似性质的 IS。如果用于计算的 IS 对一种或多种目标分析物的回收率或基质效应具有显著不同，它将在所有定量中引入额外的误差。

当 IS 以已知浓度加入每个校准标准溶液中时，建立分析物和内标响应比与分析物浓度的校准曲线，然后通过比较分析物的检测响应比和样品提取物的 IS 与标准曲线来获得分析物的浓度。

同位素标记内标(IL－IS)是以相同的化学结构和元素组成作为目标分析物的内标，目标分析物分子的一个或多个原子被同位素(例如氘、15N、13C、18O)取代。使用 IL－ISs 的先决条件是使用质谱法，它允许同时检测非标记分析物和相应的 IL－ISs。IL－ISs 可用于精确地补偿分析物损失和操作过程中的体积变化，以及色谱检测系统中的基质效应和响应漂移。提取贮藏期间的损失(例如，由于降解)也将由 IL－Is 校正，但使用 IL－ISs 不会补偿阳性样品的不完全提取问题。

IL－ISs 还可以用于分析物的定性，因为目标分析物和相应的 IL－IS 的保留时间和峰形状相同。

ILISS 基本上不含天然分析物，以降低假阳性结果的风险。ILISS 应基本上不含天然分析物，以尽量减少假阳性结果的风险。使用氘化标准的情况下，氘与如在溶剂中氢原子会交换，可导致假阳性和/或不利于结果准确定量。

6.1.3.11 数据处理

色谱图必须由分析人员检查，并根据需要调整基线拟合。在存在干扰或拖尾峰的情况下，必须采用一致的方式来定位基线。只要产生更准确的结果，峰面积或峰高都可以使用。

6.1.3.12 常规分析中的方法验证

(1)定量分析常规回收检测。

只要可行，每批分析都应测定所有待测物的回收率。如果这意味着需要进行大量的回收率测定，可接受的回收率测定最小频次见表 6.1.2。在每一批样品内至少选取 10%代表性基质的。每一批样品选取的代表性被分析物不得少于 5 个。

表 6.1.2　校准和回收实验的最小频率

	代表性分析物	所有其他分析物
回收率测试的最小频率	每一批分析物选取10%的代表性分析物(每个检测体系至少5个)	采用滚动的程序能够包括所有分析物最好每6个月,至多每12个月
	采用滚动的程序能够包含所有代表性分析物和不同类型的样品,至少在报告限水平	至少在报告限水平

如果在校准程序(表 6.1.2)或代表性分析物的回收率出现不被接受的结果时,在先前校准过的所有结果或者是被测物的回收率都有可能是不准确的。

回收率测定应在2～10倍报告限RL的范围内或在最大残留限量MRL水平或在与被分析样品相关的水平。加标水平可以改变,以提供在一定浓度范围内的分析性能的信息为依据。在RL和MRL水平上添加回收尤其重要。当无法获得空白样品(例如在测定低浓度的无机溴化物)或者只能得到含有可接受低水平的干扰物的空白样品,则回收率测试的加标水平应≥3倍的空白样品中的含量。在这样一种空白基质中的被分析物浓度应通过多组实验确定。如果有必要,回收率计算应扣除空白。空白值和未经校正的回收率数据必须同时报告。它们必须是通过添加实验所用的基质测定得出,并且空白值不应超过LCL的30%。

当以公共部分测定残留,常规回收率实验可用在残留中起主导地位的组分,或测定最低回收率的组分。

(2)常规分析可接受的回收率。

单个农药残留回收率的可接受范围通常应在平均回收率+/－2倍相对标准偏差(RSD)。对于每个商品组(见附件A),平均回收结果来自初始方法验证。实际常规分析中的每个回收率范围在60%～140%。回收率在上述范围之外的通常需要重新分析这个批次,但在某些合理的情况下,例如,在个别回收率高得令人无法接受并且没有检测到残留物的情况下,没有必要重新分析样品以证明没有残留物。然而,高回收率或者相对标准偏差在±20%之外则必须进一步研究。

优先选择有证基质标准物质(CRMS)进行验证方法性能。然而,在包含相关分析物的可用CRMS很少。作为替代,实验室自制内部参考物质可以用于常规分析。在可行的情况下,在实验室之间交换这种材料以进行额外的、独立的精度检验。

(3)筛选方法。

对于针对大量化合物的定性,在每一批的检测样品中包括所有的化合物是不现实的。为了对总体方法进行验证，至少涵盖方法所有关键点的 10 种代表物(指示物)应当被添加到确证范围内的基质。对于确证范围内所有化合物的性能核查见表 6.1.3。

表 6.1.3　常规方法性能核查最低频次(筛选方法验证)

	代表物(指示物)	其他化合物
分析物数量	每个检测系统至少 10 种 分析物涵盖方法所有关键点	确证定性范围内的所有分析物
频率	每批	至多 12 个月，最好 6 个月
水平	筛选检测限	筛选检测限
标准	所有方法性能指标化合物应当能够被检测	应当能够被检测所有确证化合物

(4)能力验证。

对于所有官方监控实验室，必须定期参加能力验证，特别是由欧盟基准实验室 EURL 组织的计划。如果报告了假阳性或阴性，或者在任何能力验证中达到的准确性(z 分数)有问题或不可接受，则应调查产生问题的原因。在进一步检测所涉及的分析物/基质组合之前，必须纠正假阳性，阴性和/或不可接受的性能。

6.1.4　分析物的定性和结果的确认

6.1.4.1　定性

质谱—色谱联用。质谱测定与色谱分离技术联用是非常强大的分析识别技术，它可以同时提供：ⅰ保留时间；ⅱ离子质荷比；ⅲ丰度数据。

6.1.4.2　色谱要求

被分析物(S)的可接受保留时间至少应该是与柱的死体积相对应的保留时间的两倍。对于气相色谱和液相色谱，提取物中的分析物的保留时间应与校准标准(可能需要基质匹配标准)的保留时间一致，差值±0.1 min 之内。当分析物的保留时间和峰形状与合适的同位素内标 IL－IS 的峰形状相匹配时，较大的保留时间偏差是可接受的，或者验证研究的证据可用。当色谱过程显示出基质导致的保留时间移动或峰形畸变时，IL－IS 尤其有用。添加样品中可疑分析物也有助于定性。

6.1.4.3　质谱要求

质谱检测可以为选定离子提供质谱、同位素模式和/或信号。尽管质谱对于分析物是高度特定的，但匹配值根据所使用的特定软件而不同，这使得不可能设置用于识别的匹配值的通用指南。这意味着使用质谱匹配进行识别的实验室需要设置自己的标准，并证明这些标准是适合的。基于质谱的定性指南仅限于一些建议，而对于所选离子的定性，提供了更详细的标准。

6.1.4.4 质谱定性

(1)分析物的参考质谱应该使用用于分析样品的相同仪器和条件来产生。如果公布的质谱与实验室内采集的质谱之间存在明显的差异，则必须证明后者是有效的。为了避免离子比的失真，分析物的浓度不能使检测器过载。仪器软件中的标准谱图可以来自前面没有基质的谱图，最好是由前面是同一批进样得到。

(2)对全扫描来说，为确保得到的色谱峰具有代表性，需要通过手动或自动对色谱图进行背景扣除。任何时候需要扣除背景时，必须整批数据操作一致，并且应清楚地注明。

6.1.4.5 使用选择离子定性识别的要求

(1)定性依赖于选择正确的特征离子。(准)分子离子是在测量和定性过程中尽可能包括的特征离子。一般来说，特别是对单极质谱来说，高质核比离子比低质核比离子(例如 $m/z<100$)在定性过程中更为可靠。但是，一般来自失去水分子或普通物质得到的高质荷比离子很少被使用。典型的同位素离子，例如包含 Cl 或 Br 的，可能会具有特殊的作用。选择的特征离子不应只从母分子的同样位置选取。选择特征离子的可以根据背景干扰情况而变化。在高分辨率质谱中，分析物的离子选择性由用于获得提取离子色谱的质量提取窗(MEW)的窄度决定。窗口越窄，选择性越高。然而，可以使用的最小 MEW 涉及的质量分辨率。

(2)分析离子的色谱峰应该与同批次试验的校准标准的峰有相似的保留时间、峰型和响应值比率。同一被分析物不同离子的色谱峰相互之间要有重叠。如果离子的色谱图表现出明显的色谱干扰，该离子就不能应用于定量和定性。

(3)不同类型和模式的质谱检测器可提供不同程度的选择性，这关系到确证的可信性。表 6.1.4 列出了确证所需的条件。可以作为确证的指南标准，但也不是判断有无化合物的绝对标准。

表 6.1.4　不同质谱仪器检测所需条件

<table>
<tr><th rowspan="2">质谱检测器/特征</th><th rowspan="2">代表系统(例子)</th><th rowspan="2">采集</th><th colspan="2">鉴定要求</th></tr>
<tr><th>最小离子数</th><th>其他</th></tr>
<tr><td>低分辨率</td><td>四级杆，
单离子阱</td><td>全扫描，选择离子检测</td><td>3 个离子</td><td rowspan="3">信噪比≥3
提取的离子色谱图中的分析物峰必须完全重叠。离子比率在相同序列 f 的校准标准物的平均值的±30%（相对值)内</td></tr>
<tr><td>串联质谱</td><td>三重四级杆</td><td>选择反应监测或多反应监测，前体离子分离的质量分辨率等于或优于单位质量分辨率</td><td>2 个产物离子</td></tr>
<tr><td>精确质量测量</td><td>高分辨质谱：
飞行时间质谱和轨迹离子阱质谱</td><td>全扫描，选择离子检测有或没有前体离子选择的碎裂，或其组合将单级质谱和串级质谱与前体离子分离的质量分辨率相结合，等于或优于单位质量分辨率</td><td>质量精度≤5×10^{-6}的 2 个离子
2 个离子：</td></tr>
</table>

(4)以相对最强离子的比表示的定性的选择性离子的相对强度或比率应与标准离子比相匹配。标准离子比是从溶剂标准中以相同的顺序和在与样品相同的条件下测得的平均值。基质匹配标准可以用来代替溶剂标准，只要证明它们在分析物相同保留时间没有离子干扰。在测定标准离子比时间，应排除线性范围以外的响应。

(5)较大的偏差可能导致假阳性结果可能性提高，如果允许差较小，则假阴性的可能性增加。表 6.1.4 中给出的允许差不应当被当作绝对极限，并且不建议没有经验的分析人员在没有补充解释的情况下根据标准进行自动数据解释。

(6)只要对两个离子有足够的灵敏度和选择性，并且响应在线性范围内，低分辨串联质谱的离子比应该是相同的，并且不应该偏离参考值超过 30%（相对)。

(7)对于精确的质量测定/高分辨率质谱分析，离子比的变化不仅受提取离子色谱峰信噪比的影响，也可能受到碎片离子产生的方式和基质的影响。例如，与溶剂标准相比，基质在碎片扫描事件中选择的前体离子的范围("所有离子"，前体离子范围 100Da、10Da 或 1Da)导致碰撞池中的不同基质碎片离子。

此外，在同一碎片扫描事件中生成的两个离子的比值趋向于产生比来自全扫描事件的前体和来自碎片扫描事件的碎片离子的比值更一致的离子比。因此，没有给出离子比的通用的指南值。由于精确质量测量的附加值，匹配离子比是不必太苛刻，然而，它们应该用作指示指标。偏差超过 30%的应进一步调查和判断。

(8)为了在定性中具有更高的可信度，可以从附加的质谱信息中获得进一步的证据。例如，评估全扫描质谱、同位素模式、加成离子、附加的精确质量碎片离子、附加子离子(在 MS/MS 中)或精确的离子。

(9)分析物的异构体的色谱图谱也可提供证据。可以使用不同的色谱分离系统和/或不同的 MS 离子化技术来寻求附加证据。

结果确认

(10)如果初始分析没有提供明确的识别或不满足定量分析的要求，则需要确认分析。这可能涉及对提取物或样品的再分析。在超过 MRL 的情况下，总是需要另一分析部分的验证性分析。对于特殊的农药/基质组合，也提出了验证性分析。

(11)独立专家实验室使用不同的测定技术和/或定性和/或定量结果的确认将提供进一步的证据。

6.1.5 结果报告

6.1.5.1 结果的表述

(1)必须报告单独测定的分析物的结果，它们的浓度以 mg/kg 表示。如果残留物定义包括不止一种分析物(参见示例，附录 B)，则必须按照残留物定义中所述计算相应的分析物总和，并且必须确认是否符合最大残留限量 MRL。如果实验室的分析能力不能满足对残留定义中所述的残留的总和进行定量，则可以计算残留总和的一部分，但应在报告中明确指出。对于监控计划的样品，必须提交单个分析物的浓度及其 LOQ。

(2)对于定量方法，单个分析物的残留量小于报告限 RL，结果报告为＜RLmg/kg。在使用筛选方法和未检测到农药的情况下，其结果必须报告为＜SDLmg/kg。

6.1.5.2 结果的计算

如果确证结果由两个测试方法得到的，则报告结果由最精确的测试方法得出。如果结果是由两个或多个同等精度的方法得到的，则可报告结果平均值。如果已经分析了两个或更多个测试部分，则应报告从每个部分获得的结果的算术平均值。在样品已进行良好粉碎和/或混合的情况下，特别是对于显著高于 RL 的残留物。测试部分的重复结果的 RSD 通常不应超过 30%。

在只有两个重复的情况下,每个结果的相对差不应超过平均值的30%。如果残留水平与RL值相近,偏差值可能会高,此时需特别注意判断是否超过报告值。

当平均回收率在80%～120%范围内且满足扩展测量不确定度为50%的标准,不需要对结果进行回收调整。超过MRL的,必须通过可接受的单独重复回收结果(来自同一批次)。如果无法实现此范围内的回收,不一定排除强制行动,但必须考虑精度相对较差情况的风险。然后建议对所有超过MRL的情况下,使用标准加入或同位素标记的内标进行校准。

6.1.5.3 数据的取舍

报告结果时保持数据的一致性是非常重要的。一般说来,当结果≥0.001和<0.01 mg/kg应四舍五入至一位有效数字;当结果≥0.01和<10 mg/kg应四舍五入至两位有效数字;结果≥10 mg/kg可以保留三位有效数字或取整数。当报告限值<10 mg/kg时应取一位有效数字,≥10 mg/kg时应取两位有效数字。这些规定并不能够反映数据的不确定度。为统计的需要,可以记录更多的有效数字。有时候对数据的舍入也会应顾客或委托人的要求进行。在任何情况下,四舍五入后的结果都需要符合规定的限量(如MRL)。因此,应在最终计算结果完成之后再进行有效数字的四舍五入。

6.1.5.4 结果的不确定度评定

(1)ISO/IEC17025要求实验室测定和计算与分析结果相关的不确定度。因此,实验室应在方法确认、进行实验室间比对(例能力验证)以及室内质量控制时获得尽可能多的数据以用于不确定度评定。

测量不确定度是对分析数据置信度的一个定量表征,描述在一定的置信水平下在实验或报告结果附近真值所处的一个范围。不确定度评定必须考虑到所有的误差来源。

(2)不确定度数据应谨慎使用以避免产生对于真值确定程度的虚假判断。典型的不确定度评定是基于以往的数据并不一定反映当前样品分析的不确定性。不确定度评定可按照ISO(Anonymous 1995,测量中不确定度的表达指南,ISBN 92－67－10188－9)或Eurachem(EURACHEM/CITAC定量分析不确定度指南第二版 http://www.eurachem.org/guides/pdf/QUAM2000－1.pdf)方法进行。再现性RSD(或如果得不到复现性数据,就用重复性数据)是最基本的数据,也应包含其他一些不确定度来源,如样品的均匀性(样品制备、处理、次级样品获取程序的差异)、萃取效率(标准浓度的不同)等。这些RSD数据可以通过回收率或参考物质的分析而得到。不确定度数值与特定分析物和样品基质有很大的关系,当推广到其他分析物或基质时应谨慎使用。当残留水平较低尤其接近于定量限时，不确定度趋向于变大。因此当对一个大范围的残留数据提供不确定度时，有必要在相应的浓度范围内计算不确定度。

(3)对于一个实验室，另外一种可替代测量不确定度评估以及验证其基于室内数据所做的评估的途径是评价其在能力验证中的表现。能力验证结果可对室间偏差对单个实验室测量不确定度的贡献提供非常重要的暗示并且间接地验证其所用的测量不确定度。这些不确定性数据包含次级样品和分析的重复性，但不包括任何实验室间偏差。当分析结果特别重要时(例如 MRL 合规性检查)更有必要进行这些操作。

(4)使用基于 LCL 的报告限值时，残留水平小于报告限值不需要考虑不确定度。

关于执法目标的结果要求

(5)一般情况下，只有当残留水平接近于 MRL 时，判断样品中是否含有违规的残留含量才成为问题。AQC 数据，重复检测的结果数据和任何典型不确定度的评估是做出决定应考虑到因素。也必须考虑在取样期间和取样前后可能发生的残留损失和交叉污染的问题

(6)考虑到欧盟能力验证的结果，50%扩展不确定度数值(相应于 95%的置信度和覆盖因子 2)，总体上包含了欧洲实验室间的差异范围，推荐使用监管机构执法结论时(超出 MRL)。允许使用 50%扩展不确定度的一个前提条件是实验室需证明其自行计算的扩展不确定度小于 50%。如果超出 MRL 的同时也超出急性参考剂量，较低置信水平的扩展不确定度可作为一个预防措施。

(7)如果个别情况下，实验室出现了过高的室内重复性或复现性(例如在非常低的浓度水平下)，或在能力验证时 Z 值不满意，则必须考虑使用一个相对较高的不确定度数值。对于单个残留检测方法得到的结果(特别是如果使用稳定的同位素内标)，如果实验室间的复现性 RSDR 值相对较好(≤25%)，可以用较低的扩展不确定度。

(8)如果有必要，结果应与扩展不确定度(U)同时报告，例：结果$=x\pm U$(单位)，X 代表测量值。在权威机构的官方食品控制中，如果测量值超出 MRL，超出扩展不确定度($x-U>$MRL)，与 MRL 接近的数据必须通过假设 MRL 被超越来复核。在这个决策规则中，被测变量的值超出 MRL 至少 97.5%。因此，如果 $x-U>$MRL，则超出 MRL。

6.1.6 **农药标准物质、储备溶液和校准标准溶液标识，纯度和标准的存储**

分析物的“纯”的标准物质应该是已知纯度的物质，而且每个标准物质应该有各自唯一的标识；记录接收日期，供应来源，储存地点，标号，以保证可追溯性。它们应低温储存，最好在冰箱中，就是将它们储藏在最大限度减小其降解

率的环境下,,避光避潮。在这样的条件下,供应商提供的过期时间(通常是建立在不那么严格的存储条件基础上)可能有所变化,每个标准物质若采取适当的储存条件,其存储时间可达10年。如果一个标准物质的纯度可以接受,同时又要给此标准物质分配一个新的过期时间,那么需要对此标准物质进行期间核查。理想的情况下,如果分析物对实验室来说是新的,则需要对新购买的标准物质的进行化学性质核查。仅出于筛查目的,可以使用过期的标准物质和衍生物质,前提是满足报告限(RL)要求。如果检测到农药,则必须使用新的或经认证的参考标准物质和由其制成的校准标准溶液进行定量。

6.1.6.1 制备和储存标准储备液

(1)在制备"纯"分析物的标准物质和内标物的标准储备液(溶液、分散体或气体稀释)时,需要标识记录"纯"标准物质的性质和质量(或体积,高挥发性化合物)以及溶剂(或其他稀释剂)以及用量。溶剂需要与分析物互相溶解,不发生反应,以及与分析方法相适应。使用前室温下对"纯"标准物质进行平衡的时候需要注意避潮,同时标准溶液的浓度也必须根据标准物质纯度进行校正。

(2)10 mg及以上的"纯"标准物质需使用小数后5位的天平来称。环境温度与玻璃器皿的校准温度相符。挥发性液体分析物需要直接通过称量或者移取密度已知的一定体积的液体加到溶剂中。气态(熏蒸剂)分析物可能需要通过鼓泡或气体(如使用气密注射器,避免与活性金属接触)注射进入溶剂来配制。

(3)必须清晰、牢固地标识标准储备液,注明有效日期,贮存于低温暗处,防止溶剂损失和吸潮。在平衡至室温后,尤其是在低温下溶解度有限的情况下,必须重新混合溶液并进行检查以确保分析物保持完全溶解。使用不同的溶剂,不同的储存条件或制备较低浓度的储备溶液可以帮助克服上述问题。农药的稳定性可能取决于所用的溶剂。目前可获得的数据表明,大多数农药的储备标准溶液,当储存在冰箱中密闭的玻璃容器中时,在甲苯或丙酮溶剂中至少可保存5年,在乙腈,甲醇或乙酸乙酯溶剂中至少可保存3年。

(4)对于高度挥发性的熏蒸剂的悬浮液(如二硫代氨基甲酸)和溶液(或气体稀释),应现用现配。

6.1.6.2 工作标准液的配制,使用和储存

(1)配制工作标准溶液时,所有使用到的溶剂和溶液及其用量都必须进行记录。溶剂必须满足分析物(可溶,无反应)和分析方法的需要。标准必须采用牢固的标记,标明到期日,并保持低温避光储存在容器防止任何的溶剂损失和防潮。对于特别容易蒸发损失的标准液(除了是潜在的污染源)应采用更好的隔封措施,若标准液还需继续保留,隔封膜应在穿孔后尽快予以更换。在室温

下达到平衡后，溶液需要再次混匀并确保所有分析物完全溶解，特别要保证那些在低温下溶解度不好的分析物完全溶解。

(2)在方法开发或验证过程中，或实验室检测一个新分析物时，仪器响应值应由分析物产生，而非杂质或其他干扰物。在提取、净化或分离的过程中，要避免实验过程中所用技术引起分析物的降解。

6.1.6.3　标准液的测试和替代

(1)如果任何标准物质超出了其使用期限而又要继续使用时，要检查它的稳定性。现存的溶液需与新配制的溶液进行比较，比较单个标准液稀释一定倍数或混合标准液对于检测器的响应情况。若旧标准溶液和新标准溶液的浓度出现显著差异需做进一步研究。可能原因除了可能分析物降解，还可能是分析物沉淀、溶剂蒸发、称量误差、仪器分析误差。

(2)对于新旧两种溶液，至少五次重复测量的平均值通常不应超过±10%。新溶液的平均值为100%，并且还用作百分比差的计算的基础。如果平均值的差异超过新标准的±10%，则可能需要调整储存时间或条件。然后新独立配制溶液与两个旧溶液进行对比。

(3)也应考虑(至少5次)重复注射(表示为可重复性RSDr)数据的可变性。应努力降低变异性，以尽量减少新溶液和旧溶液之间计算浓度差的不确定性。可以使用内标来减少测量变化。此外，建议以交替的顺序注入旧的和新的标准，以减少由信号漂移引起的任何偏差。

(4)如果存在足够的证据(来自2个及以上其他实验室的数据)表明某种杀虫剂使用特定的储存条件(时间、溶剂、温度等)是稳定的，则再现其他实验室这些储存条件，从而可相应地减少自己进行稳定性检查。然而，溶剂挥发性必须定期检查。在某些情况下，某些添加剂(例如酸)可能需要添加到储备溶液中以防止分析物的降解。

6.1.7　分析方法验证和性能标准

6.1.7.1　定量方法

(1)实验室内部应进行方法确认以验证方法的适用性。方法确认既是认可体系的要求，同时方法的确认是日常分析的分析质量控制和方法验证所需要的。在可能的情况下，方法中采用的所有程序、步骤应该得到确认。

(2)不管多残留和单残留的分析方法，应选取代表性基质。代表性基质至少要在一批商品样品中选取一个，且须经过验证适用于该分析方法。在常规检测中，分析方法适用于很广泛的基质时，需要提供互补数据，持续质量控制和数据确认。

(3)方法必须进行灵敏度、平均回收率(作为对准确度或偏差的衡量)、精密度和定量限的试验。应采用加标回收实验对方法的准确度进行核查。在定量限或报告限水平和至少一个其他更高的水平,例如 2～10 倍的目标定量限或报告限,至少需要 5 个平行实验(核查方法的回收率和精密度)。如果残留物定义包括两种或多种分析物,在可能的情况下,该方法应该对所有被定义的分析物进行方法验证。

6.1.7.2 剩余定义

(1)如果分析方法本身不能测定回收率(例如:液体样品的直接分析、固相微萃取或顶空进样分析),只能通过重复测定校准标准获得精密度。直线通常考虑通过原点,尽管这并不是必须的。在固相微萃取和顶空进样分析中,准确度和校准的精密度可能依赖于被分析物的平衡程度,尤其与样品基质有关。如果方法依赖于平衡性,在方法开发的过程中必须对此进行验证。

(2)当结果以干重或脂肪含量为基础表示时,所采用的测定干重或脂肪含量的方法必须是一致的,最好是一个被广泛认可的方法。关于饲料方法的规定是强制性的见(附录Ⅲ)(EC)No152/2009。

6.1.7.3 可接受分析方法性能的标准

(1)定量分析方法的验证包括提供对有代表性样品在每个水平回收率实验(见附件 A 和表 6.1.5),平均回收率都应在 70%～120%之间,并且重复性(RS-Dwr)和重现性(RSDwR)≤20%,对于所有的分析物都应该在这个范围内。定量限是方法验证中最低的添加水平并且满足方法性能可接受性标准。如果(RSD)≤20%,那么回收率超出 70%～120%也是可以接受的,但是平均回收率应该在 30%～140%之间。如果可行的情况下,应该用一个或多个更精确的方法来获得更准确的回收率。除了样品不均匀导致的误差,常规分析中的质控数据得到的实验室内部重现性应该≤20%。

(2)方法验证按照 6.1.4 部分说明要求识别分析物。单个分析物的验证数据可以用来设置基于实际操作的标准依据,而不是应用表 6.1.5 中给出的通用标准。

表 6.1.5 验证参数及标准

参数	内容	标准
灵敏度、线性	5 个点水平的线性	计算浓度相对于真实浓度的偏差≤20%
基质效应	溶剂标准和基质标准的相对响应	*

（续表）

参数	内容	标准
定量限	满足对于方法的准确性和精密度的最低添加水平	≤最大残留限量
特异性	在溶剂及基质空白中的响应	小于等于报告水平的30%
准确性(偏差)	各个添加水平的平均回收率	70－120%
精密度(RSDr)	各个添加水平的重现性	≤20%
精密度(RSDwR)	实验室内部的重现性，来源于持续方法验证	≤20%
重现性	平均回收率及RSDwR，来源于持续方法验证	同上
离子比例	质谱定性要求	表6.1.4
保留时间	/	±0.1 min

*基质增强或抑制超过20%，校准需要说明基质影响。

6.1.7.4 筛选方法

(1)多残留，尤其是基于质谱的检测方法，给实验室提供了一种经济、有效手段，可以大范围的分析可能存在的痕量的分析物。经常检出的分析物应该用已验证的多残留检测方法来定量检测。

(2)对于筛选方法来说，应建立在特定的浓度水平检测分析物的可信度。这一浓度水平的设定来源于定量方法验证的报告水平(RL)或来源于定性方法验证的筛选方法检出限(SDL)。

(3)在使用筛选方法时，至少在样品序列的开始和结束时检测对应于或的校准标准溶液，以确保分析物在整个批次中仍能检测到。当检测到分析物时，只能暂时地报告结果，随后要用已验证的定量分析方法进行确证分析后，报告可靠的结果。如果未检测到分析物，则将结果报告为<筛选检测限SDL mg/kg或<报告限RL mg/kg。

(4)基于SDL的筛选方法的验证可以集中在可检测性上。对每组商品，基本方法的确认应该包括至少分析20个在预估的SDL水平上添加的样品。所选样品应包括代表来自同一商品组的至少两种商品，这些样品将作为预期的实验室样品范围。在常规分析过程中，可以收集从持续的AQC数据和方法性能验证中额外的验证数据。

6.1.7.5 可接受性方法性能标准

(1)当仅作为定性方法时,对线性和回收率没有要求。考虑到特异性,可以通过空白样品对阴性结果进行核实。筛选方法检测到的化合物,可以通过确证方法进行复检来加以识别和确证,从质控的角度来说,对于假阳性检测的数量没有严格的标准限制。定性筛选方法在最低浓度水平 SDL 条件下至少要检出95%的样本(不一定符合质谱定性标准),即可接受的假阴性率为5%。

(2)对于未在初始或持续方法方法验证中的分析物,检测残留的置信水平将不能确定。因此,可以使用该方法检测验证范围之外的分析物,但没有检测 SDL 可以指定。

(3)在使用定性筛选方法时,只有成功确证的分析物才能被纳入日常常规检测的范围。

6.1.8 **补充建议**

6.1.8.1 污染

(1)在运输或存储在实验室过程中,样品必须彼此分开,并且要与其他潜在的污染物隔离。这对于存在表面的残留或挥发性的分析物而言十分重要。样品要用聚乙烯或尼龙袋双重密封并且分别运送和处理。

(2)必须认真清洗如容量瓶,移液管和注射器等用于测量体积的器皿,特别对于那些重复利用的器皿更应认真清理。为了避免交叉污染,用于配制标准溶液的和用于样品萃取的玻璃器皿要分开。避免使用磨损或腐蚀严重的玻璃器皿。熏蒸剂的残留分析中使用的溶剂应进行检查,以确保不含有待测物。

(3)凡使用内标物时,避免任何可能造成内标物与提取物或分析物溶液交叉污染情况。

(4)若分析物自然产生,或作为一种污染物产生,或是在分析过程中产生的(例如草药中的联苯化合物,所有商品中无机溴化物;土壤中的硫;或十字花科生产过程中产生的二硫化碳),低水平农药残留不足以与背景信号分开时,必须在结果中给予解释。二硫代氨基甲酸酯,乙烯硫脲标准物质或苯胺可以在某些类型的橡胶制品中产生,这些必须尽量避免这种污染。

(5)仪器设备,容器,溶剂(包括水),试剂,助滤剂等都可能是干扰产生的来源,应给予检查。橡胶和塑料物件(如密封装置,防护手套,洗瓶等),上光剂和润滑剂等都是干扰的来源。小瓶应该使用聚四氟乙烯密封。提取物应尽量避免与橡胶和塑料等封条接触,尤其是在穿孔后,并要保持瓶子直立。若需进行二次分析,盛放提取物的小瓶应在穿孔后尽快更换。分析试剂空白时应查明来自仪器或使用材料的干扰源。

(6)来自样品的天然成分的基质效应或基质干扰是常见的。干扰可能来源于所采用的检测系统,变量或强度,也可能是由于自然原因而产生。若干扰所产生的信号与分析物的响应信号重叠,则需采用不同的清洗方式或不同的分析系统。6.1.3.6部分说明了干扰对检测系统的响应信号增强或者减弱的情况处理。如果消除基质效应是不可行的通过基质匹配校准补偿这种影响,但是,整个的分析准确度应符合6.1.7.3段规定的标准。

表6.1.6　水果、蔬菜、谷物和动物源食品类型

商品类型	每一商品类型代表种类	每一种类的代表商品
1.高水分含量	仁果类水果	苹果、梨
	核果类水果	杏、樱桃、桃
	其他水果	洋葱、韭葱
	葱蒜类蔬菜	番茄、辣椒、黄瓜、甜瓜
	果类蔬菜/瓜菜	菜花、球芽甘蓝、大白菜、西蓝花
	叶菜类和新鲜草本植物	莴苣、菠菜、罗勒、
	蔬菜的茎和干	芹菜、芦笋
	新鲜豆类蔬菜	新鲜带荚豌豆、mangetout(一种豌豆)、蚕豆、红花菜豆、四季豆
	新鲜蘑菇类	香菇、蘑菇
	根和块茎类蔬菜	甜菜、胡萝卜、土豆、甘薯
2.酸和水分含量高	柑橘类水果	柠檬、柑橘、橘子
	小型水果和浆果类	草莓、蓝莓、树莓、黑加仑、红加仑、白加仑、葡萄
3.糖分高、水分低	蜂蜜类、干果类	蜂蜜、葡萄干、杏干、李子干、果酱
4a.油含量高、水分含量极低	树上坚果类　、	核桃、榛子、栗子
	油料种子类	油菜籽、葵花籽、棉籽、芝麻、大豆、花生
	树上坚果和油料种子酱类	花生酱、芝麻酱、核桃酱
4b.油含量高、中等水分含量	油性水果及其制品类	橄榄、鳄梨和鳄梨酱

（续表）

商品类型	每一商品类型代表种类	每一种类的代表商品
5.淀粉和/或蛋白质含量高、水分和脂肪含量低	干豆类蔬菜及其制品	干大豆、干蚕豆、干青豆（黄、白/深蓝色、棕色、有斑点的）、扁豆
	谷物及其制品	小麦、黑麦、大麦、燕麦，玉米、全麦面包、白面包、薄脆饼干、早餐谷物、面团、面粉
6.复杂或特殊商品		啤酒花、可可豆及其制品、咖啡、茶类
7.肌肉和海鲜	红肌肉类	牛肉、猪肉、羊肉、野味、马肉
	白肌肉类	鸡肉、鸭肉、火鸡肉
	内脏类	肝脏、肾脏
	鱼类	鳕鱼、黑线鳕、三文鱼、鳟鱼
8.奶和奶制品	奶类	牛奶、羊奶、水牛奶
	奶酪类	牛奶酪、羊奶酪
	日常制品类	酸奶、奶油
9.蛋类	蛋类	鸡蛋、鸭蛋、鹌鹑蛋、鹅蛋
10.动物源脂肪	肉类脂肪	肾脏脂肪，猪油
	奶类脂肪	黄油

表 6.1.7　饲料种类

商品类型	每一商品类型代表种类	每一种类的代表商品
1.高水分含量	农作物饲料、芸薹类蔬菜、根和块茎的叶子、蔬菜、根和块茎、青贮饲料	草、苜蓿、三叶草、葡萄渣、羽衣甘蓝/白菜、甜菜的叶和顶部、甜菜和甜菜根、胡萝卜、马铃薯、玉米、三叶草（苹果果渣、番茄果渣、马铃薯果皮、碎渣和果肉、甜菜果肉、糖浆）等食物及其制品
2.酸和水分含量高		副产品及食品废弃物
3.油/脂肪含量高，水分低	油料种子和油类水果及其副产品、植物源和动物源的油或脂肪	棉花籽、亚麻籽、葡萄籽、葵花籽、大豆、棕榈油、葡萄籽油、大豆油、鱼油、脂肪酸流出物、脂质含量高的复合油
4.油含量适中，水分低	油籽	橄榄、葵花籽

（续表）

商品类型	每一商品类型代表种类	每一种类的代表商品
5.淀粉和/或蛋白质含量高、水分和脂肪含量低	谷物及其副产品和食物残渣豆类种子及其副产品和食物残渣	大麦、燕麦、玉米、水稻、黑麦、小麦、小麦，谷粒、碎屑、外壳、麸皮面包、啤酒和白酒的谷物、谷物混合饲料、干大豆、豌豆、扁豆、种子豆荚
6.复杂或特殊商品	稻草、干草	（大麦、燕麦、玉米、水稻、黑麦）的麦秆、副产物及食物残渣如马铃薯蛋白和脂肪酸硫出物
7.肉和海产品	动物源混合饲料类	鱼肉
8.奶和奶制品	奶类	奶替代品、副产品和食物残渣如乳清

6.2

方法验证程序:概要和样品方法

方法开发的完成后才能进行方法验证,或者说方法应用于日常检测前,先进行方法验证。我们将实验室中一个定量分析方法的首次初始验证和一个已经存在的验证方法对于新分析物和基质的扩展区别开来。

6.2.1 定量分析

1.初步完整验证

需要执行的验证

●方法范围内的所有分析物

●每组商品中至少一个商品(只要它们在方法声明的商品范围内或是实验室分析的商品)

实验

验证实验的典型例子:

样本设置(从一份均匀的样品中取样)

试剂空白

1个空白(未加标)样品

5个在目标定量限LOQ水平加标的样品

5个在2—10倍定量限LOQ水平加标的样品

仪器分析的样品序列

校准标准物质

试剂空白

样品空白

5个在目标LOQ水平加标的样品

5个在2—10x LOQ水平加标的样品

校准标准物质

样品加标是验证程序中至关重要的一步。一般情况下加标步骤要尽可能与方法在日常应用一致。如样品低温打碎并冷冻提取,则加标应该选择空白样品的冷冻部分进行并立即提取。如果样品在室温条件下打碎,20 min后均质提取,那么空白样品加标在室温下操作,20 min后进行提取。通常,即使加标样品静置一定时间,也不会和自然产生的阳性样品的残留量。为了研究自然产生的阳性样品的残留量相对提取效率,应采用在田间用农药喷洒处理的样品。

数据评估:

按照本AQC文件中的描述进行样品的进样序列、校准和定量。

评估表5中的参数并根据标准进行验证。

2.方法范围的扩展:新分析物

按照上述初始验证相同的步骤验证,添加的新分析物。或者,新分析物的验证可以整合到持续质量控制程序中。例如:对于每批常规样品,来自适用商品类别的一种或多种商品在LOQ和另一个高水平添加实验。确定回收率和各种出现的干扰。得到两个添加水平的5个回收率值后,根据表6.1.5中的标准确定其平均回收率和实验室内重复性的标准偏差(RSDwR)。

3.方法范围的扩展:新基质

验证该方法对来自同一商品组的其他基质的适用性的实用方法是使用与样品分析同时的持续质量控制来进行。见下文。

4.持续性验证/性能确认

持续方法验证的目的是:

——通过评估平均回收率和实验室重现性(RSDwR)来证明方法稳定性

——证明随着时间的推移对方法进行的微小调整不会对方法性能造成不可接受的影响

——证明对同一商品类别的其他商品的适用性

——在常规分析期间确定单个回收率结果的可接受范围

实验:

通常,在每批样品常规分析,将来自适用商品类别的不同商品的一个或多个样品添加分析物并与样品同时分析。

数据评估:

确定每种分析物从加标样品中的回收以及在相应的未加标样品中发生的各种干扰。定期(例如每年)确定平均回收率和再现性(RSDwR),并根据表6.1.5中的标准验证获得的数据。这些数据还可用于设定或更新个别回收测定的可接受限度,如6.1.7.3段所述,AQC文件和测量不确定度的估计。

定性标准:保留时间标准见6.1.4.2,质谱标准见表6.1.4和6.1.4.5(7)。

定量分析方法的初始验证流程:

验证方案

(1)确定方法范围(农药、基质)

(2)确定验证参数和可接受的标准(见表6.1.5)

(3)确定验证试验

(4)执行全面初始验证

(5)计算和评估得到的验证数据

(6)在验证报告中记录验证试验过程和结果

●确定再次验证的标准

●确定分析质量控制(AQC)类型和频率常规检查

6.3

转换因子的实例

许多农药的 MRL 残留定义不仅包括母体农药，还包括其代谢产物或其他转化产物。

在实施例 1 中，在不同的分子量组分（转换因子）调整之后，组分的总和表示为倍硫磷；在实施例 2 中，三唑酮和三唑醇的总和表示为它们的算术和；而在实施例 3 中，硫双威和灭多威的总和表示为灭多威。

以下实施例说明了满足残留定义要求所需的三种不同类型的求和。

实施例 1

倍硫磷，其亚砜和砜及其氧化物（氧代）都出现在残留物定义中，所有这些都应包括在分析中。

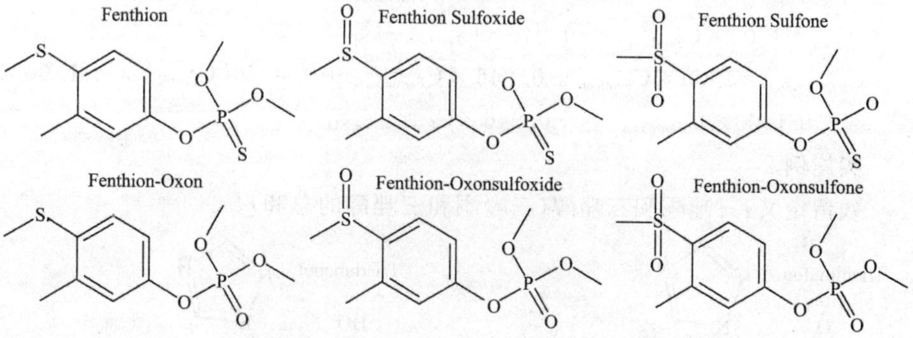

Fenthion　Fenthion Sulfoxide　Fenthion Sulfone

Fenthion-Oxon　Fenthion-Oxonsulfoxide　Fenthion-Oxonsulfone

转化因子（Cf）计算实例

$$C_{FenthionSO\ to\ Fenthion}=\frac{MW_{Fenthion}}{MW_{FentionSO}}\times C_{FenthionSO}=\frac{278.3}{294.3}\times C_{FenthionSO}=0.946\times C_{FenthionSO}$$

化合物			分子量	Cf
倍硫磷	RR'S	P=S	278.3	1.00
倍硫磷亚砜	RR'SO	P=S	294.3	0.946
倍硫磷砜	RR'SO2	P=S	310.3	0.897
倍硫磷－oxon	RR'S	P=O	262.3	1.06
Oxon－倍硫磷亚砜	RR'SO	P=O	278.3	1.00
Oxon－倍硫磷砜	RR'SO2	P=O	294.3	0.946

$C_{Fenthion\ SO\ Fenthion} = (Mw_{Fenthion}/Mw_{FenthionSO}) \times C_{Fenthion\ SO} = (278.3/294.3) \times C_{Fenthion\ SO} = 0.946 \times C_{FenthionSO}$

Compound			Mw	Cf
Fenthion	RR′S	P=S	278,3	1,00
Fenthion sulfoxide	RR′SO	P=S	294,3	0,946
Fenthion sulfone	RR′SO2	P=S	310,3	0,897
Fenthion oxon	RR′S	P=O	262,3	1,06
Fenthion oxon sulfoxide	RR′SO	P=O	278,3	1.00
Fenthion oxon sulfone	R′SO2	P=O	294,3	0,946

残留定义:倍硫磷(倍硫磷及其氧化物,其亚砜和砜表示为倍硫磷)

当残基定义为母体和转化产物的总和时,转化产物的浓度应根据其加入总残留物浓度的分子量来计算。

$C_{Fenthion\ Sum} \times 1.00 \times C_{Fenthion} + 0.946 \times C_{Fenthion\ SO} + 0.897 \times C_{Fenthion\ SO_2} + 1.06 \times C_{Fenthion\ oxon} + 1.00 \times C_{Fenthion\ SO} + 0.946 \times C_{Fenthion\ oxon\ SO_2}$

$C_{FenthionSum} = 1.00 \times C_{Fenthion} + 0.946 \times C_{Fenthion\ So} + 0.897 \times C_{Fenthion\ SO_2} + 1.06 \times C_{Fenthionoxon} + 1.00 \times C_{Fenthionoxon\ SO} + 0.946 \times C_{Fenthionoxon\ SO_2}$

实施例 2

残留定义:三唑酮和三唑醇(三唑酮和三唑醇的总和)。

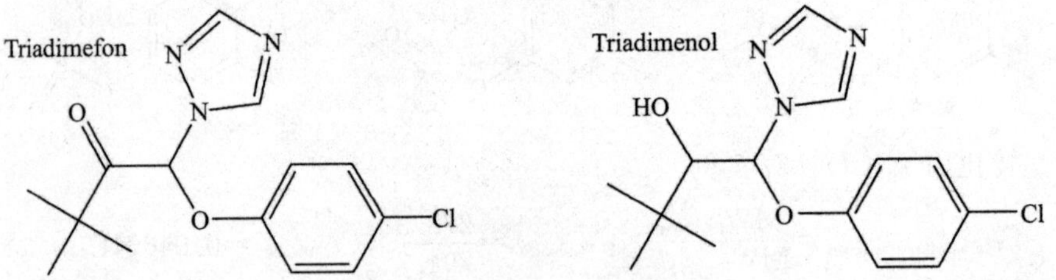

Triadimefon　　Triadimenol

$C_{Triadimefon\ and\ triadimenolSum} = 1.00 \times C_{Triadimefon} + 1.00 \times C_{Triadimenol}$

$C_{Tria\ dim\ efon\ andtria\ dim\ enolSum} = 1.00 \times C_{Tria\ dim\ efon} + 1.00 \times C_{Triadimenol}$

实施例 3

残留定义:硫双威和灭多威(硫双威和灭多威的总和表示为灭多威)。

Thiodicarb

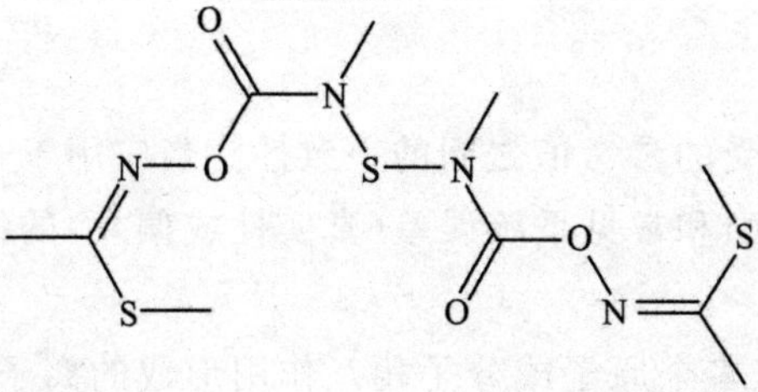

Methomyl

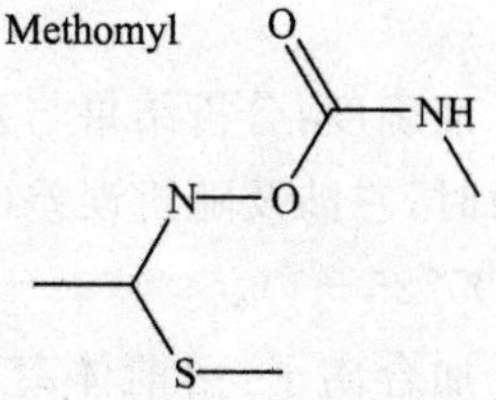

$$C_{MethomylSum} = C_{Methomyl} + C_{Thiodicarb} \times (2 \times Mw_{Methomyl} / Mw_{Thiodicarb}) = (2 \times 162.2 / 354.5) \times C_{Thiodicarb} = 0.915 \times C_{Thiodicarb}$$

6.4 附录　术语表

准确度:分析结果与真实或可接受的参考值之间的一致性。当应用于一组结果时,它涉及随机误差(估计为精度)和常见系统误差(真实性或偏差)的组合(ISO5725－1)。

加合离子:由前体离子与一个或多个原子或分子相互作用形成的离子,形成含有前体离子的所有组成原子以及来自相关原子或分子的附加原子的离子。

分析物:要确定浓度(或质量)的化学物质。就这些程序而言涉及:农药或代谢物,分解产物或农药的衍生物或内标。

AQC:分析质量控制。测量和记录要求,旨在证明分析方法在常规分析中的性能。这些数据是方法验证中的数据的补充。AQC 数据可用于对扩展到新分析物、新基质和新水平的方法的验证。内部质量控制(IQC)和性能验证的同义词。同步 AQC 数据是在包含特定样本的批次分析期间生成的 AQC 数据。

批次(分析):对于提取、净化和类似的处理过程,批次是由分析员(或分析员团队)同时处理的一系列样品,通常在一天内,并且应该至少包括一个回收率测定。对于检测系统,批量是在没有明显时间间隔的情况下进行的,并且包含所有相关的校准测定(也称为“分析序列”“色谱序列”等)。一个检测批次可以包含不止一个提取批次。

本文件没有提到与制造或农业生产有关的 IUPAC 或 Codex 意义上的“批次”。

偏差:平均测量值与真值之间的差值。

空白:(ⅰ)已知不包含可检测水平分析物的材料(样品或样品的一部分或提取物),也称基质空白。

(ⅱ)仅用溶剂和试剂进行的一个完整的分析;在任何样品的情况下,为了使分析的实现,水可以代替样品作为空白,也被称为试剂空白或程序空白。

校准:这只一个批次的测定,在样品分析之前和之后立即有校准测定。例如,校准物 1、校准物 2、样品 1. 样品 N、校准物 1、校准物 2。

校准:确定观察到的目标分析物和作为标准溶液制备的已知量分析物的信号(由检测系统产生的响应)之间的关系。在本文件中,校准不涉及称重和容量设备的校准,质谱仪的质量校准等。

校准标准:用于校准测定系统的分析物(和内标,如果使用的话)的溶液(或其他稀释)。可以从工作标准溶液准备,并可以是基质匹配的标准溶液。

认证参考资料(CRM):见参考材料。

CI:GC－MS(/MS)的化学电离。

粉碎:通过混合、揉搓、剪切、研磨等将固体样品打碎成较小碎片的过程。

确证:确证是两个或多个彼此一致的分析(理想地,使用正交选择性方法)的组合,其中至少一个满足识别标准。

不可能确证完全没有残留物。在LCL上采用“RL”避免了确认在不必要的低水平的残留物存在或不存在的不合理的高成本。

阳性结果所需的确认性质和程度取决于结果的重要性和发现类似残留的频率。

基于ECD的分析往往需要确认,因为它们缺乏特异性。质谱技术通常是最实用的、

需要确认最少的确认方法。

污染:在采样或分析过程中,通过任何途径和任何阶段将目标分析物无意地引入样品,提取物,内标溶液等。

测定/检测系统:用于检测和确定分析物浓度或质量的任何系统。例如,GC－MS(/MS),GC－FPD,LC－MS/MS,LC－ToF等。

反推浓度的偏差:由校准函数的计算出的浓度与真实浓度的偏差

反推浓度的偏差(%)＝(Cmeasured－Ctrue)x100/Ctrue。

ECD:电子捕获检测器。

EI:电子电离源。

EU:欧盟。

假阴性:错误地表明分析物浓度不超过规定值的结果。

假阳性:错误地表明分析物浓度超过指定值的结果。

FPD&PFPD:火焰光度检测器和脉冲火焰光度检测器(可以特定用于于硫或磷检测)。

碎片离子:由前体离子的解离产生的产物离子。

GC:气相色谱。

定性:是能够提供结构信息[例如,使用质谱(MS)检测]的方法的定性结果,其满足用于分析目的的可接受标准。

产生足够证据以确保特定样本的结果有效的过程。必须正确识别分析物才能进行量化。AQC定性程序应严格。

干扰:由分析物以外的化合物产生的正或负响应,有助于分析物测量的响应,或使分析物响应的积分不那么确定或准确。干扰也被宽泛地称为“化学噪声”(不同于电子噪声,“火焰噪声”等)。基质效应是一种微妙的干扰形式。通过检测器的高选择性可以使某些形式的干扰最小化。如果干扰无法消除或补

偿,大队结果对准确性没有显着影响,则其影响可能是可接受的。

内部质量控制(IQC):见 AQC。

内标:在 6.1.3.10 中给出了定义。

实验室样品:被送到实验室并接收的样品。

LC:液相色谱(主要是高效液相色谱/HPLC 和超高效液相色谱/UPLC)。

LCL:最低校准水平。在整个分析批次中,成功校准测定系统分析物的最低浓度(或质量)。另见"报告限"

LC－MS/MS:液相色谱分离与串联质谱检测相结合。

水平:在本文件中,指浓度(例如 mg/kg,μg/mL)或数量(例如 ng,pg)。

LOD(asreferredtoinReg. 396/2005):检出限(LOD)是指经验证的最低残留浓度。可通过常规监测和有效控制方法进行量化和报告,在这方面,它可以被视为 LOQ(见下文)。

LOQ:定量限(量化)。通过应用完整的分析方法,以可接受的准确度验证的分析物的最低浓度或质量。LOQ 优于 LOD,因为它避免了与"检出限"的混淆。然而,在 Reg. 396/2005 MRL 中,设定在量化/确定的极限被称为"LODMRL",而不是"LOQMRL"。

质量准确度:质量准确度是测量的精确质量与计算的离子精确质量的偏差。它可以表示为以毫道尔顿(mDa)表示的绝对值或以百万分之一(10^{-6})误差表示的相对值,计算方法如下:

(精确质量－精确质量)

例:实验测量的质量＝239.15098,离子的理论精确质量 m/z＝239.15028。

质量准确度＝(239.15098－239.15028)＝0.7 mDa

或(精确质量－精确质量)/精确质量×10^6

例:实验测量质量＝239.15098,理论精确质量离子 m/z＝239.15028 质量准确度＝(239.15098－239.15028)/239.15028×10^6＝2.9×10^{-6}

质量提取窗口(MEW):围绕用于获得提取离子色谱图的精确质量的质量范围的宽度,例如,精确质量±1 mDa 或精确质量±5×10^{-6}。

质量分辨率:质量分辨率(峰宽定义,FWHM):$(m/z)/\Delta(m/z)$,其中 $\Delta(m/z)$是单一质谱峰的半峰宽。

质谱仪器能够区分具有相似 m/z 值的两个离子(IUPAC 定义 22:两个相等幅度峰值之间的最小质量差异,使得它们之间的谷值是峰值高度的指定分数)。

质量分辨能力:质谱仪提供指定质量分辨率值的能力的度量(仪器规格)以半峰全宽(FWHM)定义的分辨率为 $m/\Delta m$,其中 m 为测量 m/z,并且 Δm 是半峰高处质量峰的宽度。

注 1:对于磁性扇形仪器,使用另一种定义("10%谷")。另个定义间的大致差异是因素 2(即 10%谷值方法的 10,000 分辨率等于 FWHM 的 20,000 分辨率)。

注 2:质量分辨率能力通常与质量分辨率混淆或互换使用(见上面的定义)。

基质空白:见空白。

基质效应:来自样品的一种或多种共提取的化合物对分析物浓度或质量的测量的影响。与由分析物的溶剂溶液产生的检测器响应相比,可以观察到增加或减少的检测器响应。通过比较溶剂溶液中分析物产生的响应与样品提取物中相同量的分析物产生的响应,可以证明这种效应的存在或不存在。

基质匹配/基于基质的校准:使用由相同(基质匹配)或任何其他(基于基质的)空白基质的提取物制备的标准物进行校准。

可能:在本文档中可能意味着可能或可能是一个选项(该操作是可选的)。

方法:从收到样品到计算和报告结果的一系列程序或步骤。

方法验证:在方法的范围、特异性、准确度、准确度,重复性和实验室内重现性方面表征方法预期性能的过程。除了在实验室重现性之外,在样品分析之前应建立一些关于所有特征的信息,关于重现性和范围扩展的数据可以从 AQC 产生。在可能的情况下,准确性评估应包括对认证参考材料的分析、参与能力验证或其他实验室间比较。

MRL:最大残留限量。在第 396/2005 号条例中列出了农药/商品组合的最大残留限量,带有星号表示 MRL * 设定在或等于 LOQ,其中 LOQ 在此处是一个共识数字而非测量值。

MRM:在农药残留分析中:多残留法。

MRM:在质谱中:将选定的反应监测(SRM)应用于来自一种或多种前体离子的多种产物离子。

MS/MS:串联质谱,这里包括 MS^n。一个 MS 程序分离来自初级电离过程的所选质荷比(m/z)的离子,然后通常将此离子通过碰撞碎裂,并分离产物离子(MS/MS 或 MS2)。在离子阱质谱仪中,该过程可以在一系列产物离子(MSn)上重复进行,尽管这对于低水平残留物通常不实用。

Must:本文档中是绝对要求的意思(该操作是强制性的)。绝不是绝对不是。

不符合(或违规)的残留物:超过 MRL 的残留量超过扩展的测量不确定度。

NPD:氮磷检测仪。

性能验证:参见分析质量控制(AQC)。

精确度:在规定条件下应用实验程序获得的独立分析结果之间的一致性接

近程度。影响结果的实验误差的随机部分越小,程序越精确。精度(或不精确度)的度量是标准偏差 22。

前体离子:离子反应形成特定的产物离子或经历特定的中性损失。反应可以是不同类型的,包括单分子解离、离子/分子反应,电荷状态的变化可能先于异构化。

(GC 注射器和色谱柱的)预充:预充效应类似于持久的基质效应,通常在气相色谱中观察到。通常,在安装新柱或衬管之后(或在一批测定开始时)注射未经净化的样品提取物的等分试样。其目标是“停用”气相色谱系统并使分析物最大化地向检测器传输。在某些情况下,可以以相同的目的注入大量分析物。在这种情况下,在分析样品之前进行溶剂或空白提取物的进样是至关重要的,以确保不存在分析物的携带。预充效应很少是永久性的并且可能无法消除基质效应。

程序空白:见空白。

产物离子:涉及特定前体离子的反应的离子产物。

溶剂空白:见空白。

回收(分析方法中的任何分析物):在提取之前立即添加(通常是空白样品)之后,在最终测定时剩余的分析物的比例。通常表示为百分比。常规回收是指通过分析每批样品进行的测定。

参考材料:材料的特征在于其理论上均匀的分析物含量。经认证的参考材料(CRM)通常在许多实验室中用于表征分析物的浓度和分布均匀性。内部参考材料在实验室内部中进行表征,准确性可能未知。

参考谱图:分析物的特征的吸收(例如 UV,IR)、荧光、电离产物(MS)等的谱图。参考质谱应该优选由用于分析样品的仪器在类似的电离条件下产生,而且也应该优选“纯”标准(或“纯”标准的溶液)。

“参考”标准:以纯度极高并适当包装(以确保稳定性并允许运输和储存)的一种固体,液体或气体化合物。必须指出储存条件、有效期、纯度以及水合水含量和相关的异构体组成。如果购买的标准物质是在溶剂标准物质,则应将其视为二级标准(即作为库存或工作溶液)。

重复性(r):分析物测量的精确度(标准偏差)(通常从参考材料的回收或分析中获得),使用相同的方法在短时间内在单个实验室中从同一样品获得,其间差异不是由于使用的材料和设备和/或涉及的分析人员导致。精度测量通常用不精确度表示,并计算为测试结果的标准偏差。

也可以定义为这样的值,低于该值,在上述条件下相同材料上的两个单一测试结果之间的绝对差异可以预期具有特定概率(例如 95%)。

报告限(RL):残留物可以被报告为绝对数字的最低水平。它等于或高于LOQ。对于欧盟监测目的来说在12个月内分析的调查样本的RL可以应用到全年。

代表性分析物:一种用于评估分析中其他分析物的可能分析性能的分析物。假定代表性分析物的可接受数据表明所代表的分析物的性能令人满意。代表性分析物必须包括预期性能最差的分析物。

重复性(R):不同的分析人员在不同实验室用同一种方法获得的分析物测量(通常通过回收或分析参考材料)的精确度(标准偏差),或一段时期内在材料和设备产生的差异。精度测量通常用不精确度表示,并计算为测试结果的标准偏差。

实验室内重现性(RSDwR)是在这些条件下在单个实验室中产生的。

也可以定义为这样的值,低于该值,在上述条件下相同材料上的两个单一测试结果之间的绝对差异可以预期具有特定概率(例如95%)。

响应:与分析物一起出现的检测器输出的绝对或相对信号。

RSD:相对标准偏差(变异系数)

样品:具有许多含义的通用术语,但在这些指南中是指实验室样品,测试样品,测试部分或提取物的等分试样。

样品分离:将实验室样品转化为测试样品可能需要的两个过程中的第一个。如果需要,去掉样品不需要分析的部位。

样品制备:将实验室样品转化为测试样品可能需要的两个过程中的第二个。可能需要均质化、粉碎、混合等过程。

SDL(定性筛选):定性筛选方法的筛选检测限是已经证明在至少95%的样品中可以检测到某种分析物(不一定符合明确的定性标准)的最低浓度(即假阴性率为5%是被接受的)。

选择性:提取、净化、衍生化、分离系统和(尤其)检测器区分分析物和其他化合物的能力。气相色谱一电子捕获检测器是一种选择性测定系统,不提供特异性。

应当:本文中应当提出的建议可以忽略,但仅限于特定情况(由于正当理由),在选择不同的实施方案之前,必须理解并仔细评估忽略建议的全部后果。不应该意味着不推荐,尽管在特定情况下可能是可以接受的,但必须理解并仔细评估忽视建议的全部后果。

有效数字:数字中已确定的数字加上第一个不确定数字。

3个重要数字的例子:

0.104,1.04,104,1.04×10^4

1 和中间 0 是确定的,4 是不确定的,但很重要。

注意:初始零不重要,指数对有效数字的数量没有影响。

SIM:选择离子监测。质谱的操作,其中记录了特定 m/z 值的多个离子的丰度而不是整个质谱。

S/N:信噪比。

固体稀释:通过加入粉末状的固体(例如淀粉粉末)来稀释农药。通常仅用于不溶性分析物,例如复杂的二硫代氨基甲酸盐。

特异性:检测器(必要时由提取、净化、衍生或分离的选择性来支持)提供有效识别分析物的信号的能力。与 EI 的 GC－MS 是一种相当高的特异性的非选择性测定系统。高分辨质谱 MS 和 MS^N 都具有高度选择性和高度特异性。

加标(添加):添加分析物以用于回收测定或标准添加。

SPME:固相微萃取。

SRM:选择反应监测。测量通过两个或更多个质谱阶段(MSn)的 m/z 选择的前体离子的特定产物离子。

标准:一般术语,可以指"纯"标准,库存标准,工作标准或校准标准。

储备标准液:"纯"标准物质或内标的最浓溶液(或固体稀释等),其中等分试样用于制备工作标准溶液或校准标准溶液。

测试部分:测试样品的代表性子样品,即待分析的部分。

测试样品:去除任何不需要分析的部分(例如骨头,黏土)后的实验室样品。在取出测试部分之前,可以或可以不将其粉碎和混合。另见指令 2002/63/EC。

真实性:真实度量通常表示为"偏差"。从一系列测试结果(即平均回收)获得的平均值与可接受的参考值或真实值(ISO5725－1)之间的一致性的接近程度。

(测量)不确定度:报告结果的范围,其中可以预期真实值具有一定的概率(置信水平,通常为 95%)。不确定性数据应包括真实性(偏差)和可重复性。

样本:单一的水果、蔬菜、动物、谷物、罐头等。例如,一个苹果,一块剔骨牛排,一粒小麦,一罐番茄汤。

单位质量分辨率:质量分辨率使得可以清楚地区分对应于单个带电离子的峰值与其相邻的 1 道尔顿距离,通常具有不超过 5%～10%的重叠。

验证:见方法验证。

违规残留物:残留超过 MRL 或因任何其他原因而违法的残留物。

实验室内重复性:参阅再现性。

标准工作液:用于描述贮藏标准物质稀释液的通用术语,其用于加标以进行回收测定或制备校准标准溶液。

6.4 欧盟标准检测方法 EN15662

QuEChERS方法结合气相色谱质谱和液相色谱质谱测定植物源产品农药残留

6.4.1.1 植物性食物中农药残留检测的通用原则

(1)范围。

本欧洲标准规定了用GC、GC－MS(/MS)和/或LC－MS(/MS)分析植物源性食品如水果(包括干果)、蔬菜、谷物及其加工产品中农药残留的检测方法。该方法已在大量农产品/农药组合上进行了研究。

(2)规范性参考文献。

以下文件的全部或部分内容在本文件中作了规范性引用,并且对于其应用是必不可少的。凡是注日期的引用文件,仅引用的版本适用。凡是不注日期的引用文件,其最新版本(包括所有的修改单)适用于本标准。

(3)原理。

打碎的样品用乙腈萃取。含水量低(＜80%)的样品需要在初次提取前加入水使其总共含约10克的水。加入硫酸镁、氯化钠和缓冲柠檬酸盐后,将混合物剧烈摇动并离心分离。采用分散固相萃取法(D－SPE),利用适量吸附剂和硫酸镁去除残余水,对有机相进行净化。在使用含氨基吸附剂(例如乙二胺－丙基硅烷化硅胶PSA)进行净化之后,如有必要,可添加少量甲酸对提取物进行酸化,以提高某些对碱敏感农药的稳定性。最终提取液可直接用于GC和LC分析。适用于GC分析的检测器有:单四级杆或高质量分辨率的质量选择性检测器(MS或MS/MS)或其他GC选择性检测器,如火焰光度检测器(FPD)和电子捕获检测器(ECD)。适用于LC分析的检测器有:串联质谱(lcms/ms)或高分辨率质谱。可以使用内标法进行定量,该标准在首次添加乙腈后添加到提取物中,但这不是强制性的。

(4)样品的制备和储存。

①一般原则。

应证明样品处理和储存程序对测试样品中存在的残留物没有显著影响(有时也称为“分析样品”)。处理还应确保测试样本足够均匀,以便可以接受子采样的可变性。如果单个分析部分不太可能代表测试样品,则应分析较大或重复的部分,以提供对真实值的更好估计。粉碎程度应有利于定量残留物提取。

②实验室样本。

不应分析完全或大量损坏或降解的实验室样品。在可能的情况下,在到达实验室后以及任何情况下，在发生任何重大物理或化学变化之前，立即制备实验室样品。如果实验室样品不能及时制备，应在适当的条件下储存，以保持其新鲜，避免变质。一般来说，实验室样品在制备前的储存时间不应超过 3 天。干燥或类似处理的样品应在规定的保质期内进行分析。

③试样的制备。

为了制备部分制备的测试样品，仅取实验样品中应用最大残留水平的部分。不能移除其他植物部分。

实验室样品应以获得代表性部分的方式进行(例如通过分成四个部分并选择相对的部分)。对于小单位样品(例如浆果、豆类、谷物等小果实)，样品应彻底混合，然后称量部分制备的试样。当样品由较大的单元组成时，取样包括来自每个单元的外表面的楔形部分(例如甜瓜)或横截面(例如黄瓜)。

④测试样品。

从每个部分制备的测试样品，应除去任何会导致均质化过程困难的部分。如果是核果，应除去果核。应保留并记录已除去的植物部分。应采取预防措施避免任何果汁或肉的损失。应根据原始试样(包括果核)的质量计算残留物。

如果试样的均匀性不够，或者由于粒径较大，残留物的提取可能会受到严重影响，则应使用适当的方法进行强化粉碎。如果在不发生果肉和果汁的分离或目标农药的降解，则在环境温度下这是可行的。冷冻状态下的样品的粉碎可以显著减少化学不稳定农药的损失，并粉碎成更小的粒度，从而具有更高的均匀度。用刀将样品粗切(例如 3 cm×3 cm)并在粉碎前将它们放入冰箱(例如－18 ℃过夜)，有利于粉碎。通过将温度保持在 0 ℃以下，通过低温研磨(使用干冰或液氮)也可以辅助和改进粉碎效果。特别是在水果和蔬菜，与在通常环境温度下研磨相比，低温研磨对具有坚韧外皮的样品(例如西红柿或葡萄)粉碎效果更好。

⑤测试部分。

每个测试部分都应该从粉碎的测试样品中抽取。应立即分析这些测试部分。如果不能直接分析测试部分，则分析前应将测试样品或测试部分冷冻。如果在冷冻保存后从测试样品中取出测试部分，则应在先重新混合测试样品，以确保混合均匀。

(5)结果评估。

定性和定量。

可以使用许多参数来鉴定样品提取物中存在的分析物的身份。这包括：

——所讨论的分析物的保留时间(RT)，或者更好的是，从同一次运行中获得的与内标 ISTD 的保留时间比(分析物保留时间/内标保留时间)；

——分析物的峰形；和

——在 MS 或 MS/MS 检测的情况下，分别记录质量或离子对相对丰度(MS/MS 中通常需要 2 个 SRM 离子对，MS 应用中需要 3 个离子)。

将在样品提取物中待鉴定的分析物获得的参数与在标准溶液中获得的农药的参数进行比较。如果确认分析物特性需要更高程度的准确度，则可能需要采取其他措施，例如使用不同的色谱分离条件或评估其他 m/z 或 SRM 离子对。有关所需鉴定标准的更多信息(例如，使用不同 MS 技术建议的离子比最大允许差)，请参阅欧盟质量控制指南。

使用标准溶液检查线性并确定每种活性物质的校准功能。最好使用基质匹配标准，但是，为了初步估计食品中农药的残留量或是否存在农药，可以使用纯溶剂中的标准溶液。如果初步实验表明任何抑制或增强效应不会显著影响所获得的结果，则溶剂标准溶液也可用于定量。一旦检测到相关的残留物浓度(例如疑似的超过最大残留限量 MRL)，应使用更精确的基质匹配标准或标准添加方法进行测定。

与纯溶剂中标准溶液的响应相比，基质效应影响样品提取物中目标分析物的响应。校准范围应与待定量的残留物浓度相适应本标准包含使用内标准进行定量和鉴定。然而，在没有内标的情况下仍然可以定量。

6.4.1.2 校准

检测系统[例如 LC－MS/MS 或 GC－MS(/MS)]根据 FPRCEN/TS17061 或欧盟质量控制指南进行校准。

6.4.1.3 残留物浓度计算

每种鉴定的活性物质的质量分数 w_R 取决于净化的最终提取物中的样品质量浓度 ρ_a 和该提取物中物质的浓度 ρ_R，它以 mg/kg 表示，并通过式(1)计算。

$$w_R = \frac{\rho_R}{\rho_a} \quad \text{式(1)}$$

式中，

ρ_R 是最终提取物中活性物质的质量浓度，单位为 μg/mL；

ρ_a 是净化后最终提取物中样品的质量浓度，单位为 g/mL。

6.4.1.4 方法的有效性

从实验获得的回收率(加标水平 0.01 mg/kg 至 0.25 mg/kg)通常在 70% 至 110%之间。

实验室间方法验证研究涵盖了使用代表性商品(通常是黄瓜、柠檬、小麦粉和葡萄干)的多种分析物。此外，还进行了广泛的个别验证。实验室提供的所有验证数据均发布在欧盟参考实验室的数据库中。

如果至少有两个实验室在两个相同的加标水平下对同一基质进行独立的验证研究，每个水平至少重复5次，并且回收率在70%到120%之间，则该方法对于任何特定的商品/农药组合的有效性应得到确认。此外，每个实验室的两种加标水平的相对标准偏差必须低于或等于20%。

6.4.1.5　含水量少于15%的植物性食物中农药残留检测方法

(1)原理。

该提取方法用于含水量少于15%的植物性食物，如谷物，谷物产品和蜂蜜等。表6显示了相应商品的优选提取方法。向均匀样品中加入10 mL水，用乙腈萃取。加入硫酸镁、氯化钠和缓冲柠檬酸盐(pH5至pH5.5)后，剧烈摇动混合物并离心分离。

(2)分析步骤。

①试验部分和加水。

将5 g±0.05 g(ms)粉碎的均质样品的代表性测试部分转移到50 mL离心管中并加入10 mL冷水。应考虑样品吸水的影响。

②可选的添加内标。

在给定的浓度下添加定义的少量内标溶液(A.1.2)(VISTDs，例如100μL)，其含有表A.1中列出的一种或几种化合物。

③第一次提取。

加入10毫升乙腈(A.1.3)(Vex)。盖上盖子并使用振荡器剧烈摇动15分钟，如果样品的粉碎程度不足，可以通过高速均质器辅助提取。将分散器浸入样品/乙腈混合物中，并在高速下均质约2分钟。如果已经添加了内标ISTD溶液，则不需要漂洗均质器。尽管如此，在用于下一个样品均质之前仍需要彻底清洁，以避免交叉污染。样品应冷冻或在解冻过程中提取(除含水量<20%的干燥样品外)。如果在环境温度下进行提取，则应确保不会发生目标农药的显著降解。

④第二次提取步骤和分离。

将制备的缓冲盐混合物加入上述的悬浮液中。盖上盖子立即用摇动器振荡1分钟或用振荡器振荡3分钟，并以>3 000 g离心5分钟。立即分离上层乙腈层并将获得的原始提取物传递给净化步骤

在加入盐混合物后立即将离心管剧烈摇动几秒钟，可避免水存在下硫酸镁倾向于形成团块硬化。在将盐加入所有样品后，可以进行整批的1分钟或3分钟的提取。

(3)净化步骤：通过冷冻共同提取的脂肪，蜡，糖进行净化，该净化用于由上述获得的提取物，以减少高脂肪含量的提取物中的脂肪。

将由获得的 8 mL 乙腈的等分试样转移到离心管中并在冰箱中储存过夜(对于面粉,2 小时就足够了),其中主要的脂肪和蜡固化并沉淀。离心(必要时)后,取出 6 mL 仍然冷的提取液体转移到含有 300 mgPSA 和 900 mg 无水硫酸镁,混匀 30 s,离心后进样。

注:冷冻也有助于部分去除一些在乙腈(如糖)中溶解度低的其他样品共提取物。

为了减少基质效应,如果所用检测系统的灵敏度足够,则可以用一定体积的水或乙腈/水(V_2)稀释原始提取物(V_1)的等分试样以得到总体积(V_1+V_2)。

操作流程图

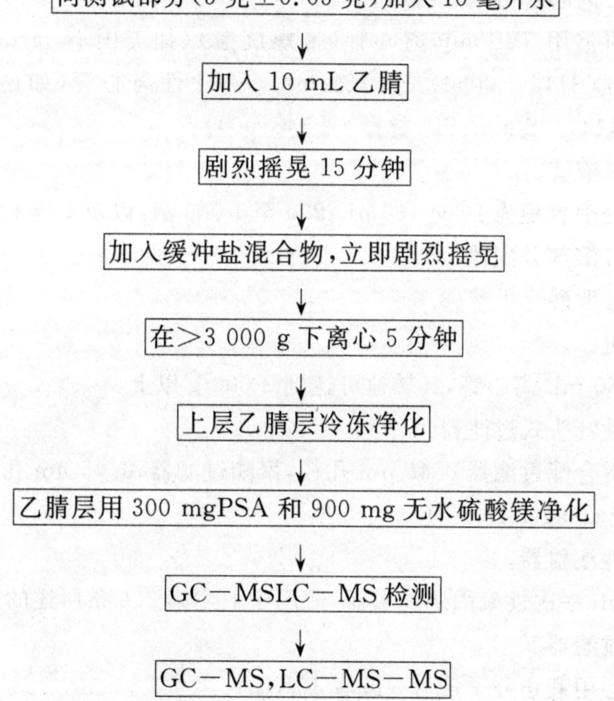

6.4.2 欧盟基准实验室检测方法(方法 2)

采用酸性甲醇提取和 LC－MS/MS 测定快速分析植物性食物中

多种高极性农药的方法(方法名称)

(1)范围和概述。

本文叙述了水果(包括干果)、蔬菜、谷物及其加工产品等植物性食物中存留的极性农药残留物的分析。

残留物在经过加水调节并加入酸化甲醇后从测试样品中提取出来。混合物经过离心、过滤并采用 LC－MS/MS 直接进行分析。这一方法可针对不同农药组合为 LC－MS/MS 同时分析提供多种选择。在多数情况下，定量检测在目标分析物的同位素标记类似物的帮助下实行，这些类似物即为内部标准品（IL-IS）。到目前为止，这些内部标准品可在前处理的开始阶段直接添加到测试样品中，以补偿能够对回收率产生影响的任何要素，如样品制备过程中的容积偏差、分析物损失以及测量过程中的基体效应。

(2)仪器和耗材。

①大型样品处理设备。

用于粉碎样品，例如粉碎水果蔬菜用 Stephan UM5 或 Retsch Grindomix GM300。

②50 mL 离心管(带螺旋盖)。

50 mL 可重用 Teflon®离心管（带螺旋盖）（如美国 Nalgene/Rochester；Oakridge，货号 3114－0050）或 b）50 mL 一次性离心管（如德国 Sarstedt/Nümbrecht，114×28 mm，PP，货号 62.548.004）。

③自动移液管。

适用于处理容积为 10 至 100 μL、200 至 1 000 μL 以及 1 至 10 mL 的液体。

④10 mL 溶剂分配器。

适用于移取酸化甲醇(3.6)。

⑤离心机。

适用于 50 mL 离心管，其转速可达到 3 000 g 以上。

⑥一次性针头式过滤器。

纤维素混合酯过滤器 0.45 μm 孔径，聚酯过滤器，0.45 μm 孔径（均购自德国 Macherey－Nagel，Düren）。

⑦一次性注射器。

2 或 5 mL 一次性聚丙烯注射器，适用于上述第 2.6 条所述的过滤器。

⑧超滤过滤器。

适合离心用截止分子量为 5 或者 10KDA

⑨自动样品瓶。

适用于 LC 自动进样器，如果存在易于与玻璃表面相互作用的农药（如百草枯、敌草快、链霉素和草甘膦），则使用塑料瓶 1。

⑩具塞容量瓶。

适用于制备储备标准溶液和工作溶液。如 20 mL、25 mL、50 mL、100 mL 玻璃烧瓶。如果存在易于与玻璃表面相互作用的农药（如百草枯、敌草快、链霉素和草甘膦），则使用塑料烧瓶。

⑪LC－MS/MS 仪器。

配备电喷雾(ESI)离子源和合适的色谱柱.

(3)化学品。

除非另有说明,在分析中使用分析纯级试剂。采取一切可能的预防措施防止对水、溶剂、吸附剂、无机盐等造成污染。

①水(去离子)。

②甲醇(HPLC 质量)。

③乙腈(HPLC 质量)。

④甲酸(浓缩;>95%)。

⑤乙酸(浓缩;>98%)。

⑥酸化甲醇。

使用移液管吸取 10 mL 甲酸(3.4),将其滴入 1 000 mL 容量瓶中,用甲醇定容至刻度

⑦一水合柠檬酸(分析纯)。

⑧二甲胺。

⑨甲酸铵(分析纯)。

⑩无水柠檬酸三铵(分析纯)。

⑪氢氧化钠(分析纯)。

⑫十水四硼酸钠(分析纯)。

⑬干冰。

可使用工业级干冰,应定期检查,确保不含相应浓度的农药。

⑭吸附剂粉末。

⑮10%EDTA 水容易,称取 15.8 gEDTA 四钠四水,用水定容至 100 mL。

⑯农药标准品。

⑰农药储备溶液。

在了解典型准品与分析物之间的换算系数和用于制备储备溶液所建议使用的溶剂基础上,使用与水(3.1)互溶的溶剂,如甲醇(3.2)、酸化甲醇(3.6)、乙腈(3.3)或其混合物配制 1 mg/mL 的农药标准溶液,如果存在易于与玻璃表面相互作用的农药(如百草枯、敌草快、链霉素和草甘膦),请使用塑料烧瓶和塞子。

⑱农药工作溶液/混合工作溶液。

根据需要使用,使用与水(3.1)互溶的溶剂稀释一种或多种农药的储备溶液制备的适当浓度溶液。

⑲内部标准品(ISs)。

⑳内部标准品储备溶液。

水溶性溶液(甲醇、乙腈、水或其混合物)中 1 mg/mL 的 ISs 溶液(3.17)。

如果存在易于与玻璃表面相互作用的农药(如百草枯、敌草快、链霉素和草甘膦),请使用塑料烧瓶和塞子。

㉑提取前用于样品加标的 IS 工作溶液 I(IS－WSI).

使用水溶性溶剂稀释一种或多种 IS 储备溶液制备的适当浓度溶液。

如果存在易于与玻璃表面相互作用的农药(如百草枯、敌草快和草甘膦以及双氢链霉素的 ILIS),请使用塑料烧瓶和塞子。

终的$^{16}O_3$(天然)膦酸。EURLs 提供的$^{16}O_3$ 膦酸标准溶液应最好在乙腈中稀释,持久。

㉒LC－MS/MS 流动相。

略。

(4)免责声明。

本方法引用了一些适用于所述程序的市售产品和仪器的商品名。所提供的信息旨在为使用该方法的用户提供便利,并不能构成 EURL 对所命名产品的认可。本方法的应用可能涉及危险物品、危险操作和危险设备。因此,在使用本方法前,用户有责任创建适当的安全与健康惯例。

①分析步骤。

②样品制备。

为从实验室样品中获得具有代表性的测试样品,需要按各相应规定和指南进行。对于水果和蔬菜,最好采用低温研磨法(如使用液氮或者干冰),以尽量减少降解,缩小粒径,提高均匀性。

对干货(如谷物、豆类)进行细磨(如粒径＜500μm),有利于释放包裹在样品内部的残留。

对于干果制品和类似商品(含水量＜30%),采用以下程序:将 850 g 冷水加入 500 g 冻干果中,使用大型样品处理设备(2.1)将混合物搅拌均匀,如果可能,加入干冰,防止或减缓任何化学反应和酶促反应(3.13)。此时 13.5 g 匀浆相当于 5 g 样品。

③提取/离心/过滤。

称取样品匀浆(5.1)中具有代表性的部分(m_a),将其注入 50 mL 离心管(2.2)。对于新鲜果蔬及果汁,取 10 g±0.1 g 的均质样品。对于干果、干菜、干蘑菇,取5 g±0.05 g 或 13.5 g±0.1 g 加水的测试样品(相当于 5 g 样品)。对于谷类、干豆类,称取 5 g±0.05 g 匀浆。

对于提取较多的商品(如香料或发酵制品)因吸水能力极强而不能充分提取的商品,可能需要称取少量样品。

根据需要加水，达到总含量约 10 g。

加入 10mL 酸化甲醇（3.6）和 50μL 含一种或多种同位素标记类似物(3.19)

盖上离心管盖，使用机械摇动器用力摇动。新鲜水果蔬菜等产品摇动 5～15 分钟，干燥品应加水浸泡 15～30 分钟，随后再使劲手摇 1 分钟。就提取性而言，干燥品（如谷物、豆类）粒径起到重要的作用。如果相当一部分颗粒超过 500μm，则摇动或浸泡时间可能延长。

快筛百草枯和敌草快采用室温下含 1%甲酸的甲醇进行 1 分钟提取，定量提取小麦和土豆中的敌草快和百草枯残留 80 ℃水浴中震荡提取 15 分钟，定量提取扁豆敌草快残留，须使用更强的提取溶剂—甲醇/盐酸水溶液 0.1M(1∶1)，80 ℃水浴中震荡提取 15 分钟。待样品冷却至室温后进行离心。

以 4 000 rpm 持续离心 5 分钟。

使用针头式过滤器(2.6)过滤 3 mL 提取物，将其放入可密封贮存容器中。某些类别商品（如精细研磨谷物、梨、菠萝）的提取物会造成过滤困难。为避免这种情况，将(5.2.4)或(5.2.5)的提取管放入冷藏箱、离心机和过滤器中数小时。

根据需要，将过滤提取物的一等份或多等份（如每等份 1 mL）转移到自动进样瓶(2.8)中

注释：如果存在或可能存在易于与玻璃表面相互作用的农药（如百草枯、敌草快和草甘膦以及双氢链霉素的 ILISs），则使用塑料贮存容器/样品瓶。

④空白提取物。

按照 5.2 所述，使用合适的空白商品（不含待测分析物的可检测残留物）进行样品制备，忽略 ISs 的添加。

⑤回收实验。

称取适当比例的空白商品匀浆，倒入 50 mL 离心管，添加合适的农药工作溶液见表 1。

在加入水或溶剂前，直接添加进基质中。使用少量农药工作溶液（如 50—300 μL），避免稀释过强。

⑥制备校准标准品。

溶剂校准标准品。表 1 为制备溶剂校准标准品的典型移液方案。显示了当使用 IS 时，样品中农药质量分数 W_R 的计算。

注：若采用溶剂校准，则定量用 ILISs 必不可少，因为 IS 可补偿基质相关的所有信号抑制/增强。

基质匹配型校准标准品。

合适等份的空白提取物转移到自动进样瓶，按照表 1 所示继续操作。分别为使用和不使用同位素内标时，使用基质匹配校准标准品对样品中农药的质量分数 WR 进行的计算。

表 1：制备校准标准品的典型移液方案

		校准标准品								
		溶剂型			基质匹配型					
		使用 IS[4]内标			不使用内标			使用 IS[4]内标		
校准浓度 μg 农药/mL 或 μg 农药/“IS—部分”1		0.05[6]	0.1	0.25	0.05	0.1	0.25	0.05	0.1	0.25
空白提取物(5.3)		—	—	—	900 μL	900 μL	900 μL	850 μL	850 μL	850 μL
水(3.1)和酸化甲醇(3.6)1∶1(v/v)混合		900μL	850μL	900μL	50μL	—	50μL	50μL	—	50μL
农药工作溶液(3.16)[2]	1 μg/mL	50μL	100 μL	—	50μL	100μL	—	50μL	100μL	—
	5 μg/mL	—	—	50μL	—	—	50μL	—	—	50μL
IS—WSII(3.20)[1,3]		50μL	50μL	50μL	—	—	—	50 μL	50 μL	50 μL
总体积		1 000 μL	1 000 μL	1 000 μL	1 000 μL	1 000 μL	1 000 μL	1 000 μL	1 000 μL	1 000 μL

a. 一个内标部分相当于 50μLIS—WSII 中包含的 IS 质量(在特定示例中，添加到每份校准标准品中)。

b. 农药工作溶液的浓度应足够高，以避免空白提取物的过度稀释，防止基质效应偏差的产生。

c. 对于 1 mL 校准标准品，建议将 IS—WSI(3.19)稀释 20 倍，制备 IS—WSII(3.20)。制备校准标准品时可采用与 5.2.3 相同的体积和移液方案。

d. 当采用 IL—ISs 时，基质匹配和体积调整可有可无，因为 IS 可补偿任何基质相关的信号抑制/增强。这里也可采用溶剂校准。重要的是，a)农药和 IS 在相应校准标准品中的质量比和 b)加入样品中的 IS 质量与加入校准标准品中的 IS 质量比已知且有记录。为方便起见，在所有校准浓度中，后者的质量比应保持恒定(例如在制备 1 mL 校准标准品时，质量比为 20∶1)。

e. 若没有/不使用内标素内标，则通过基质匹配的标准品表 1)或通过标准品添加法进行的基质匹配对于补偿测量中的基质效应尤为重要。在这两种情况下，样品提取物的总体积假定恰好为 20 mL，转化为 0.5 g/mL 样品当量。

f. 当使用 10 g 测试样品时，校准浓度 0.05 相当于 0.1 mg 农药/kg 样品，或当使用 5 g 测试样品时，校准浓度 0.05 相当于 0.2 mg/kg 样品。

⑦标准品添加方法

在没有合适的ISs可用时，标准品添加方法是用于补偿基质诱导的增强或抑制现象的有效方法。由于这一程序涉及线性外推法，在整个相关浓度范围内，农药浓度和检测信号须显示呈线性关系。该程序还要求掌握样品中的近似（估计）残留量[w_R（近似）]。近似残留量可通过初步分析得到。

制备4等份最终提取物，将分析物添加进其中3份中，添加量逐渐增加。在选择待添加的量时，应确保保持在线性范围内。应避免使添加水平过于接近预期的分析物水平，防止测量误差对斜率（用于计算分析物浓度）产生太大影响。如果浓度超出线性范围，则指示用提取溶剂稀释全部4种提取物。

制备一份分析物工作溶液(3.16)，其浓度应确保50或100 μL溶液中含最少的待添加分析物。

示例A：样品瓶1)无添加；样品瓶2)0.5xw_R（近似），样品瓶3)1xw_R（近似），样品瓶4)1.5xw_R（近似），示例B：样品瓶1)无添加；样品瓶2)1xw_R（近似），样品瓶3)2xw_R（近似），样品瓶4)3xw_R（近似）。

通过加入相应溶剂量调整所有样品瓶内的体积。

7　印度农药残留检测方法标准和质量控制体系

中国是印度水果的主要进口国。印度从中国进口的苹果和梨占印度进口果蔬的近90%。从2016年11月至2017年2月印度从中国进口了价值1.32亿美元的苹果和梨,这些农产品都涉及农药残留的检测。

2006年8月2日印度公布《食品安全和标准法》,按照此法组建隶属于印度卫生和家庭福利部(Ministry of Health and Family Welfare)的食品安全和标准局(Food Safety and Standards Authority of India 简称 FASSI),其负责制定食品标准,保障人们消费食品的安全等。食品测试和分析实验室是保证食品对消费者安全的食品安全体系的必要部分,FASSI 按照食品安全和标准法第43章的要求公布印度认可的实验室。为了减少在口岸通关时间,FASSI 也认可国外实验室,认可的实验室包括初级实验室、基准实验室、国家基准实验室。

截至2019年9月27日,FASSI 认可的初级实验室有182家,如食品分析和研究实验室,其中18家基准实验室,包括中央食品实验室、国家葡萄研究中心、国家植物卫生管理研究院农药制剂和残留分析中心等。基准实验室按产品或项目分类,每类只有一家,农药残留和真菌毒素的基准实验室是国家葡萄研究中心(national research center for grapes ,ICAR)。

7.1　农药残留检测的质量控制

印度卫生和家庭福利部食品安全和标准局的官网上食品测试栏发布有食品中农药残留分析方法手册(2016年版)。手册中第一部分为农药残留分析良好操作指南,主要规定如下。

7.1.1　方法验证

本节所述的原则被认为是实用的,适用于农药残留分析方法的验证。本指南不是绝对的规范,分析人员应决定证明方法适合预期目的所需的验证程度,并应相应地产生必要的验证数据。例如,测试是否符合最大残留量或为估算摄入量提供数据的要求可能完全不同。

分析方法是从收到样品到产生最终结果的一系列过程。验证是证实一种方法是否适合预期目的的过程。该方法可能是内部开发的,或从文献及其他第三方获得。然后可对该方法进行调整或修改,以符合实验室和/或该方法将用于目的的要求和能力。一般来说,验证是在方法开发完成之后进行的,并且假设诸如校准、系统适用性、分析物稳定性等要求已令人满意地建立起来。当验证和使用分析方法时,测量必须在所使用的检测系统的校准范围内进行。一般来说,进行方法验证先于将该方法应用于实际样品分析,但随后的持续性能验证是检测过程中一个重要的方面。性能验证数据是方法验证所需求的。

在可行的情况下，参加能力验证(或与其他实验室间比对)为验证某一方法所产生结果的准确性提供了重要手段，并提供了结果在实验室间的可变性(偏差)的信息。然而，能力验证一般不涉及分析物在被处理样品中的稳定性或均匀性和分析物的提取效率。要考虑不确定度对结果的影响。

无论何时，实验室进行开发方法和/或修改方法时，分析变量的影响应在验证前通过耐用性试验确定。必须对可能影响结果的方法的所有方面进行严格控制，例如：样本量；分取体积，使用的样品净化系统的性能变化；试剂或所制备衍生物的稳定性；光、温度、溶剂和提取液中分析物储存的影响；溶剂、进样器、分离柱、流动相特性(组成和流量)、温度、检测系统、共提物等对测定的影响。最重要的是，必须明确地建立所测信号和待测分析物之间的定性和定量关系。

应优先考虑选择适用于残留和或多基质的检测方法。选择代表性分析物或基质的在方法验证中是重要的。为此目的，应充分但并非不必要地对商品进行区分。例如，一般来说，虽然不是一成不变的，一种特定商品的单一变体可以被认为代表同一商品的其他变体，但是，例如，一种水果或蔬菜不能被认为代表所有的水果或蔬菜。每一种情况都必须根据其优点加以考虑，但如果已知一种商品的特定变体与其他商品有所不同。

需要对这些变量进行分析以确定它们对方法性能的影响。特别是在测定步骤，方法的准确度和精密度可能会因种而出现相当大的差异。

7.1.2 **方法确认**

当为监测或执法目的而进行分析时，特别重要的是最低校准水平(LCL)必须等于或低于报告限制(RL)相对应的校准水平。RL 不能低于 LOQ。当分析的目的是监测和验证符合最大残留限量(MRLs)，残留的方法必须足够敏感可靠地确定残留可能会出现在一个作物或环境样本。然而，为此没有必要使用方法有足够高的灵敏度来确定降低两个或多个数量级的残留水平。通常在极低水平上测量残留物的方法变得非常昂贵和难以应用。使用最低校准水平(LCL)的优点是减少了获取数据的技术上的困难，也减少了费用。以下有关不同样品中的最低校准水平的建议：当 MRL(mg/kg)为 5 或者更大时，LCL(mg/kg)为 0.5；当 MRL(mg/kg)为 0.5 到 5 之间，LCL(mg/kg)为 0.1 到 0.5；当 MRL(mg/kg)为 0.05 到 0.5，LCL(mg/kg)为 0.02 到 0.1 当 MRL 等于分析方法的定量限，LCL 也设在这个水平。

7.1.3 **结果表示**

按照常规检测目标，仅应报告按照 MRL 定义经确认的数据。空白值应报告小于最低校准水平，而不是小于外推计算得到的水平。一般情况下，结果不必进行回收率校正，只有在回收率与 100%有显著差异时才会进行校正。如果报告的结果是经过校正回收率得到的，则应同时给出测量值和校正值，还应报告校正的依据。如果通过单一测试部分（子样品）的重复测定（例如在不同的气相色谱柱上、使用不同的检测器或基于不同的质谱离子）获得的阳性结果，应报告获得的最低有效值。如果阳性结果来自对多个测试部分的分析，则应报告从每个测试部分获得的最低有效值的算术平均值。考虑到相对精密度一般在20%～30%，结果仅用两位有效数字表示（如0.11、1.1、11和1.1×10^2）。由于在较低的浓度下，精密度可能在50%的范围内，低于0.1的残留值应仅保留一位有效数字。

7.2 典型标准分析方法

7.2.1 食品和农产品中的有机磷农药多种残留法测定法—气相色谱法(GC—FPD)

7.2.1.1 适用范围

该方法描述了同时测定食品和农产品样品中的有机磷农药残留物。

7.2.1.2 仪器和试剂

7.2.1.2.1 仪器

(1)配备有火焰光度检测器的气相色谱仪，以磷模式运行，526 nm滤光片。工作条件：进样口温度220 ℃；检测器温度250 ℃；(a)色谱柱30 m(柱长)×0.53 mm(内径)。升温程序为：初温140 ℃下保持2 min，5 ℃/min升至240 ℃，保持2 min；载气氮气，15 mL/min(b)玻璃填充色谱柱，2 m(柱长)×3 mm(内径)，用5%OV－101，初温170 ℃，在5 ℃/min下升至250 ℃，保持2 min；氮气载气，45 mL/min。

(2)配备有氮磷检测器气相色谱仪，使用30 m×0.53 mm柱(1.50 μm膜厚)。升温程序：120 ℃保持3分钟，50 ℃/min升至270 ℃保持10 min。进样口温度250 ℃，检测器温度300 ℃，也推荐氦气载气20 mL/min。

(3)净化柱：①准备好使用硅藻土Extrolut－3，在柱端固定针作为流量调节器。②玻璃柱，30 cm×20 mm ID，带玻璃隔板(碳硅酸盐清理)。

(4)打碎机。

(5)高速搅拌机。

(6)旋转真空蒸发仪。

7.2.1.2.2 试剂

(1)标准试剂。

用庚烷(或正己烷)中制备单标，如果难以溶解则在庚烷中加入含量约2%

的苯，然后用庚烷制备合适的稀释液。通过混合适当体积的单独标准溶液并用庚烷稀释来制备混标。

(2)溶剂－丙酮，乙腈，苯，二氯甲烷，甲醇，正己烷，均为液相色谱HPLC级。

(3)硅烷化玻璃棉。

(4)硅藻土 545:0.020～0.045 mm。

(5)活性炭。

(6)氯化钠－分析纯。

(7)棉绒－用丙酮和正己烷洗涤。

7.2.1.2.3　农药标准溶液

(1)储备溶液 1 mg/mL。

称取每种有机磷杀虫剂参考标准品 10 mg，分别移入 10 mL 容量瓶中。溶于 10 mL 乙酸乙酯。

(2)中间溶液 10 μg/mL。

用移液管将 1 mL 每种储备溶液移入单独的 100 mL 容量瓶中。用乙酸乙酯稀释至一定体积。

(3)工作溶液 0.5 μg/mL。

用移液管将 5 mL 每种中间溶液移入 100 mL 容量瓶中，用乙酸乙酯稀释至刻度。

7.2.1.3　样品前处理

7.2.1.3.1　提取

根据水分和脂肪含量，食品分为三大类：

第一组，蔬菜、水果：称取 50 g 打碎样品放入高速搅拌机中，加入 100 mL 丙酮，高速搅拌 2 min。用布氏漏斗吸滤，用约 50 mL 丙酮过滤玻璃隔膜废渣。用丙酮－水(2∶1)将提取物精确定容至一定体积(150～200 mL)。

第二组，牛奶：新鲜牛奶(500 mL)置于 250 mL 分液漏斗中。立即将丙酮(150 mL)添加到牛奶中，手动摇动烧瓶 10 min。将全部内容物通过 Buchner 漏斗和过滤纸过滤到 500 mL 烧瓶中。另外，在 Buchner 漏斗通道中使用 25 mL 丙酮清洗滤饼，并将其添加到过滤器中。首先用 100 mL 二氯甲烷萃取滤液，然后用 50 mL 二氯甲烷萃取滤液。将萃取物在 50℃～60℃的无水硫酸钠中脱水干燥。

第三组，谷物(小麦、大米)：称取 50 g 打碎样品放入高速搅拌机和 50 mL 蒸馏水中，再按照第一组方法进行操作。

7.2.1.3.2　分离净化

对于所有组，将一半体积的食物提取物相当于25 g样品（保留下半部分）放入分液漏斗中，加入100 mL二氯甲烷和100 mL丙酮和10克氯化钠。剧烈摇动1 min直至大部分氯化钠溶解。使层分离，将水层转移到第二分液漏斗中。通过硫酸钠干燥有机层。向第二个分液漏斗中加入200 mL二氯甲烷，每次剧烈振荡1分钟，然后干燥有机层。用约50 mL二氯甲烷冲洗硫酸钠。收集有机层和洗涤液，并在旋转蒸发（40 ℃～45 ℃）水浴减压下浓缩至干，接着进行如下操作。

对于第一组和第三组，用2 g硅藻土填充玻璃柱（2 cm内径玻璃柱），然后填充4 g碳/硅藻土（1∶4），顶部装有玻璃棉塞。用20 mL苯洗涤柱子。用少量苯（约2 mL）定量转移样品到柱中，用60 mL乙腈/苯（1∶1）洗脱农药。在旋转蒸发器（45～50 ℃）水浴中减压浓缩至干燥。加入合适的苯并用气相色谱分析。

对于第二组样品，将样品定量转移至一次性固相萃取柱（extrelut 3），加入3 mL正己烷让溶液进入固相萃取柱，等待10 min使其均匀分布，然后用正己烷平衡的5 mL乙腈洗脱3次。加入4 mL甲醇洗脱，并在减压50 ℃～55 ℃下的旋转蒸发器中浓缩至干。加入1 mL苯复溶用于气相色谱火焰光度法分析。

7.2.2　非脂肪食品中莠去津、三唑醇和噻虫嗪农药残留测定－液相色谱串联质谱（LC－MS－MS）

7.2.2.1　范围

适用于非脂肪食品中莠去津、三唑醇和噻虫嗪等农药残留的测定方法。

7.2.2.2　试剂/化学品

纯度大于98%的标准物质。

液相色谱级试剂：乙酸乙酯、甲醇、水、乙腈、硫酸钠、硫酸镁。

7.2.2.3　仪器设备

液相色谱串联质谱、高速均质器、大体积浓缩器。

7.2.2.4　标准溶液制备

称取10 mg（准确至0.01 mg）用甲醇定容到10 mL容量瓶中。

7.2.2.5　分析步骤

称取10个均质样品用10 mL乙酸乙酯，10 g无水硫酸钠，2 000 r/min离心5 min，取5 mL上清液加入125 mg初级次级氨基（PSA）粉末振荡净化，将净化液体放在10 mL试管中，35 ℃氮气浓缩至近干，用1 mL甲醇和1 mL 0.1%乙酸水溶液溶解，混匀，1 000 rpm离心5 min，过聚四氟乙烯（PDVF）滤膜后进液相色谱串联质谱测定。

7.2.2.6 液相色谱串联质谱(LC－MS－MS)测定

(1)质谱采用电喷雾模式。

(2)液相色谱条件为:色谱柱为C18,柱长15 cm,内径3 mm,粒径3 μm,流动相为15%甲醇和5 mmol/L甲酸铵溶液,线性梯度洗脱90%甲醇和5 mmol/L甲酸铵溶液,保持15 min;分析柱前加保护柱。

8 日本农药残留质量控制体系和检测方法标准

日本厚生劳动省食品中残留农药、饲料添加物及动物用医药品(以下简称“农药等”)的检验方法主要遵循《食品添加物规格基准》(1959 年厚生省告示第 370 号第一暴风食品成分标准 5,6,7,以下简称“告示”)《食品中残留的农药、饲料添加物及动物用医药品的检验方法》(2005 年 1 月 24 日食安发第 0124001 号,以下简称“通知”)的规定。日本官方检测包括公定法、通知法、告示法,公定法是强制性的,通知法、告示法是非强制性的。

即使是通知中明确规定试验方法的农药,也存在使用通知规定方法(以下简称“通知试验法”)以外的其他方法进行试验的可能,2007 年 11 月 15 日,厚生劳动省医药食品局安全部部长令特制定并下发《食品中残留农药试验方法适当性评价指南》(食安发第 1115001 号,以下简称“适当性评价指南”)。

适当性评价指南适用于判断样品是否符合食品卫生法要求的各种试验[包含判定样品不符合标准的各种试验方法(含告示、通知未收录的试验方法)、尚未判定妥当与否的试验方法等]。

针对告示规定的试验方法(以下简称“告示试验法”),随着更多、更优秀的试验方法获得认可,2010 年 12 月 13 日,依照厚生劳动省第 417 号公告要求,2010 年 12 月 24 日,厚生劳动省医药食品局安全部部长令(食安发 1224 第 1 号)关于部分修订食品中残留农药试验方法适当性评价指南的通知;对食安发第 1115001 号适当性评价指南进行修订。

指南希望有关部门关注下列事项,广为利用。使用通知实验法、告示试验法进行试验时,应充分考虑食品的多样性,确认试验方法是否妥当;对于各试验机构已经确认过的试验方法,如需要变更,应当根据变更内容要求,重新划定评价项目的范围。

8.1 指南包括适用范围、术语和定义、适当性评价方法、添加食品种类及浓度

具体内容如下:

8.1.1 术语与定义规定了选择性、精密度、精密度和定量限等

8.1.2 适当性评价方法

评价试验方法妥当与否时,需向不含测试对象农药的样品(空白样品)中添加含有测试对象的样品(添加样品),按照规定的方法进行试验,测得回收率等相关参数,判定每种样品是否符合标准要求。

(1)原则上来说,加到样品中的农药添加浓度为食品中农药残留的最大残留限量值(基准值),对于多残留检出方法,添加浓度为各个残留限量接近的一

定浓度和 0.01 mg/kg 两个浓度水平。对于规定不得检出的农药，添加浓度为定量限。

(2)准确度，按照试验方法，使用 5 个以上的添加样品进行试验时，需要求出实验结果平均值与添加浓度之比，得出准确度即回收率，回收率范围为 70%－120%。如果使用替代品(如在样品中添加的稳定同位素标记标准品)，需替代品的回收率要高于 40%。

(3)精密度重复添加样品试验，求出实验结果的标准偏差与相对标准偏差，评价试验同个实验者、同个实验日期的重复性，或者多个实验者、多个实验日期的室内精密度。重复试验的次数至少为 4。浓度单位 mg/kg，当浓度小于 0.001，重复性小于 30%，室内精密度小于 35%；当浓度大于 0.001 小于 0.01，重复性小于 25%，室内精密度小于 30%，当浓度大于 0.01 小于 0.1，重复性小于 15%，室内精密度小于 20%；当浓度大于 0.1，重复性小于 10%，室内精密度小于 15%；

8.1.3 需要添加的食品种类及添加浓度

(1)需要添加的食品种类。

原则上来说，应当从适用试验方法的食品中选择添加食品。从一律标准的角度来说，所有食品都可以成为对象，但是评价所有食品的试验方法是否妥当存在现实困难，所以首先选择具有代表性的食品，依次进行食品评价。充分考虑代表性食品的成分特性和提取方法的差别，根据不同的目的，选择以下内容。

农产品：谷类(大米)，豆类(大豆等)，蔬菜(富含叶绿素的菠菜、富含硫化合物的卷心菜、富含淀粉的马铃薯等)，果实(橙子、苹果等)，茶，啤酒花，香料等。

畜牧及水产品：牛、猪、鸡等的肌肉，牛、猪、鸡等的脂肪，牛、猪、鸡等的肝脏；牛、猪、鸡等的肾脏；鸡蛋，牛奶；蜂蜜等蜂产品，鱼类、贝类(如脂肪含量较高的鳗鱼)等。

(2)制作添加样品的注意事项。

制作添加样品时，原则上来说，应当使用新鲜的食品，均匀搅拌，上秤称量后再加入农药。冷冻保存的食品、或以冷冻食品为原料均匀处理的样品，因为食品成分可能发生改变，应当尽量避免使用这类原料。而对于蔬菜、果实等必须冷冻长期储存的食材，可以直接在冻结状态下使用，严禁多次冷冻、解冻。

尽量控制添加的农药标准溶液剂量，保持在样品总量的 1/10～1/20 之间。选用与样品混合的溶剂，加入农药后均匀搅拌，放置 30 分钟之后再进行操作。

8.2 液相色谱—串联质谱同时检测农产品中多种农药残留方法

8.2.1 **分析目标化合物**

谷类、豆类、种子类、果实、蔬菜等参见附表1；

茶、啤酒花参见附表2。

8.2.2 **适用食品**

农产品。

8.2.3 **设备**

液相色谱—质谱仪(LC－MS)或液相色谱—串联质谱仪(LC－MS/MS)

8.2.4 **试剂、试液**

具体如下，其他请使用总则3列出的试剂。

石墨化碳GCB/乙二胺－N－丙基硅烷化硅胶PSA(500 mg/500 mg)：在内径12～13 mm的聚乙烯管中各填充500 mg的石墨化碳(上层)和乙二胺－N－丙基硅烷化硅胶PSA(下层)，或具有同等分离特性的物质。

0.5 mol/L磷酸缓冲液(pH7.0)：称取52.7g磷酸氢二钾(K_2HPO_4)和30.2 g磷酸二氢钾(KH_2PO_4)，溶解于约500 mL水中，用1 mol/L的氢氧化钠溶液或1 mol/L的盐酸调节pH为7.0后、加水稀释至1 L。

各农药标准品：使用标明各农药纯度的标准品。(进行各农药单独试验时，需遵守各个情况的标准品纯度要求。如果没有明确规定，建议使用纯度为95%以上的产品。)

8.2.5 **调制试验溶液**

(1)提取方法。

①谷类、豆类和种子类。

称取10.0 g样品，加入20 mL水，放置30分钟。加入50 mL乙腈，搅拌均匀后过滤。向滤纸上的残留物中加入20 mL乙腈，搅拌均匀后再次过滤。混合两次滤液，再次加入乙腈，使液体体积达到100 mL。取20 mL混合溶液，加入10 g氯化钠和20 mL 0.5 mol/L的磷酸缓冲液(pH7.0)，振荡10分钟，静置后舍弃分离的水层。

向十八烷基硅烷基化键合硅胶小柱(c18,1 000 mg)中注入10 mL乙腈，舍弃流出液。将上述乙腈层注入柱中，再次注入5 mL乙腈。收集全部溶出液，在40 ℃以下进行浓缩，除去溶剂。残留物中加入2 mL乙腈和甲苯(3∶1)的混合溶液，进行溶解。

②水果、蔬菜。

称取 20.0 g 样品，加入 50 mL 乙腈，搅拌均匀后过滤。滤纸上的残留物中加入20 mL乙腈，搅拌均匀后再次抽滤。混合两次滤液，加入乙腈，使液体体积达到 100 mL。取 20 mL 混合溶液，加入 10 g 氯化钠和 20 mL 0.5 mol/L 磷酸缓冲液(pH7.0)，振荡 10 分钟，静置后舍弃分离的水层。在 40 ℃以下浓缩乙腈层，除去溶剂。残留物中加入2 mL乙腈和甲苯(3∶1)的混合溶液，进行溶解。

③茶和啤酒花。

称取 5.00 g 样品，加入 20 mL 水，放置 30 分钟。加入 50 mL 乙腈，搅拌均匀后过滤。向滤纸上的残留物中加入 20 mL 乙腈，搅拌均匀后再次过滤。混合两次滤液，再次加入乙腈，使液体体积达到 100 mL。取 5 mL 混合溶液，加入 15 mL乙腈、10 g 氯化钠和 20 mL 0.5 mol/L 的磷酸缓冲液(pH7.0)，振荡 10 分钟，静置后舍弃分离的水层。

向十八烷基硅烷基化键合硅胶小柱(1 000 mg)中注入 10 mL 乙腈，舍弃流出液。将上述乙腈层注入柱中，再次注入 5 mL 乙腈。收集全部溶出液，在 40 ℃以下进行浓缩，除去溶剂。残留物中加入 2 mL 乙腈和甲苯(3∶1)的混合溶液，进行溶解。

(2)净化(精制)。

①谷类、豆类、种子类、果实、蔬菜。

在石墨化炭黑 GCB/氨基硅胶小柱 NH_2(500 mg/500 mg)中，注入 10 mL 乙腈和甲苯(3:1)的混合溶液，舍弃流出液。柱中注入 1)所得的溶液后，再加入 20 mL 乙腈和甲苯(3∶1)的混合溶液，在 40 ℃以下浓缩全部溶出液，除去溶剂。将残留物溶解在甲醇中，选取 4 mL 作为试验溶液。

②茶和啤酒花。

在石墨化碳 GCB/乙二胺－N－丙基硅烷化硅胶 PSA(500 mg/500 mg)中，注入10 mL乙腈和甲苯(3∶1)的混合溶液，舍弃流出液。柱中注入 1)所得的溶液后，再加入 20 mL 乙腈和甲苯(3∶1)的混合溶液，在 40 ℃以下浓缩全部溶出液，除去溶剂。将残留物溶解在甲醇中，选取 1 mL 作为试验溶液。

8.2.6 制作标准曲线

将各农药等的标准品溶于溶剂中，调配标准原液。混合各标准溶液，配制成含有各种农药、浓度处于适当范围的数份甲醇溶液。分别注入 LC－MS 或 LC－MS/MS 中，用峰高法或峰面积法绘制标准曲线。

8.2.7 定量

将试验溶液注入 LC－MS 或 LC－MS/MS 中，根据 6 的标准曲线，求各农药的含量。

8.2.8 **确认试验**

通过 LC－MS 或 LC－MS/MS 确认。

8.2.9 **测定条件**

（例）

柱：十八烷基硅烷基化键合硅胶，内径 2～2.1 mm、长 150 mm、粒径 3～3.5 μm。

柱温：40 ℃。

流动相：A 液和 B 液按照下表的浓度梯度操作。

流动相流量：0.20 mL/分钟。

A 液：5 mmol/L 醋酸铵溶液。

B 液：5 mmol/L 醋酸铵甲醇溶液。

表 8.2.1

时间（分）	A 液（%）	B 液（%）
0	85	15
1	60	40
3.5	60	40
6	50	50
8	45	55
17.5	5	95
35	5	95

离子化方式：电喷雾方式 ESI（＋）、ESI（－）。

主要离子（m/z）：参照附表 1、2。

注入量：5 μL。

保留时间标准：参照附表 1、2

8.2.10 **定量限**

参照附表 1、附表 2

8.2.11 **注意事项**

（1）试验方法概要。

①谷类、豆类和种子类。

利用乙腈从样品提取各种农药，盐析法除水后，使用十八烷基硅烷基化键合硅胶小柱、石墨化炭黑（GCB）/氨基硅胶小柱（NH_2）小柱进行精制，通过 LC－MS 或 LC－MS/MS 进行测定和确证。

②水果、蔬菜。

利用乙腈从样品提取各种农药，盐析法除水后，使用石墨化炭黑 GCB/氨基硅胶小柱 NH_2 小柱进行精制，通过 LC－MS 或 LC－MS/MS 进行测定和确证。

③茶和啤酒花。

利用乙腈从样品提取各种农药，盐析法除水后，使用石墨化炭 GCB/乙二胺－N－丙基硅烷化硅胶 PSA(500 mg/500 mg)/石墨化炭 GCB/乙二胺－N－丙基硅烷化硅胶 PSA(500 mg/500 mg)进行精制，通过 LC－MS 或 LC－MS/MS 进行测定和确证。

(2)注意点。

①附表按照五十音符的顺序，将适用于本法的化合物逐一排列。注意限制对象中可能包含不适用本法的代谢物等化合物。同时，保留时间不同的异构体已在化合物名称栏中单独列出。

②本试验方法无法保证同时测定附表中所列的全部化合物。因化合物间的相互作用而分解等和干扰测定等原因，应提前验证化合物组合有无上述问题。

③配制磷酸缓冲液也可以使用钠盐。

④乙腈提取液中加入过量氯化钠(10 g)时，可以适当减少用量，保证溶液饱和即可。

⑤盐析时，如果出现乳浊液，可以在 3 000 转/分的速度下进行 5 分钟的离心分离。

⑥浓缩、彻底除去溶剂的操作，可以借助氮气气流平稳进行。

⑦浓缩十八烷基甲硅烷基化硅胶小柱精制溶出液、盐析后的乙腈层时，如果存在水分残留的情况，可以再加入 5 mL 的乙腈，在 40 ℃以下浓缩。

⑧进行水果、蔬菜试验时，如果净化效果，与谷类、豆类、种子类、茶类类似，根据需要使用十八烷基键合硅烷基化硅胶小柱再次精制。

⑨进行果实、蔬菜、谷类、豆类、种子类试验时，可以使用石墨化炭 GCB/乙二胺－N－丙基硅烷化硅胶 PSA(500 mg/500 mg)进行检证。

⑩根据 LC/MS 或 LC/MS/MS 的灵敏度，也可用甲醇稀释试验溶液。

⑪由于有在甲醇溶液中特别不稳定的农药等，试验溶液制备后迅速测定。用时再配制标准曲线溶液。

⑫为了得到正确的测定值，必要时可采用基体添加标准溶液或标准添加法。

⑬因使用的器械、试验溶液的浓缩倍数和试验溶液注入量不同，测定限可

能存在差异，应当根据需要选择最佳条件。

⑭使用 LC/MS 或 LC/MS/MS 进行测定时，为了减轻样品中基质成分对仪器的影响，可在分析对象化合物溶出完毕后，提高移动相的甲醇浓度，清洗仪器中色谱柱等。

⑮根据作物种类不同，前处理中，硫双威可能转变为灭多威。

⑯对于抹茶之外的茶类样品，若另行规定有试验方法的，请按照对应方法操作。

⑰开发试验方法时讨论过的食品：玄米、大豆、花生、菠菜、卷心菜、马铃薯、茄子、橙子、苹果、茶（煎茶、抹茶、乌龙茶、红茶）。

1.8.3 附录

(附件)「食品中残留的农药、饲料添加剂以及动物用医药品成分物质的试验法」(食安発第 0124001 号)

(下划线部分为修订部分)

修订后

目录

(略)

第 2 章一齐试验法

· GC/MS 分析农药等的一齐试验法(农产品)

1. 分析对象化合物

别表

化合物名	分析对象化合物(中文)	保持、指標	主要离子(m/z)				定量下限(mg/kg)
BHC	删除						
	β—BHC	1757	219*	183	181*		0.01
	删除						
	δ—BHC	1829	219*	183	181*		0.01

(现行)修订前

目录

(略)

第 2 章一齐试验法

· GC/MS 分析农药等的一齐试验法(农产品)

1. 分析对象化合物

别表

化合物名	分析对象化合物名(中文)	保持指標	测定离子(m/z)					测定下限(ng)
BHC	α—BHC	1714	219	183	181			0.01
	β—BHC	1761	219	183	181			0.011
	γ—BHC(リンデン)	1779	219	183	181			0.011
	δ—BHC	1833	219	183	181			0.015

修订后									(现行)修订前								
删除									DDT	op′—DDT	2295	237	235	212	165		0.01
										pp′—DDD	2289	237	235	178	165		0.007
										pp′—DDE	2196	318	246				0.004
										pp′—DDT	2373	237	235	212	165		0.011
删除									EPN	EPN	2484	185	169	157			0.032
删除									TCMTB	TCMTB	2162	180					0.004
删除									XMC	XMC	1563	122					0.001
删除									アクリナトリン	アクリナトリン	2613	289	208	181			0.006
删除									アザコナゾール	アザコナゾール	2216	217	173				0.003
删除									アジンホスメチル	アジンホスメチル	2572	160	132				0.132
删除									アセタミプリド	アセタミプリド	2452	166	152				0.021
γ—BHC	γ—BHC	1776	219 *	183	181 *			0.01＊＊	新增								

修订后									（现行）修订前								
acetochlor/乙草胺	acetochlor/乙草胺	1882	删除	223*	162	146*		0.01	アセトクロール	アセトクロール	1882	233	223	新增	146		0.007
			删除						アトラジン	アトラジン	1755	215	200				0.002
			删除						アニロホス	アニロホス	2512	226	125				0.023
			删除						アメトリン	アメトリン	1916	227	212				0.002
			删除						アラクロール	アラクロール	1898	188	160				0.002
			删除						アラマイト	アラマイト（異性体1）	2192	319	185				0.058
										アラマイト（異性体2）	2197	319	185				0.063
										アラマイト（異性体3）	2208	319	185		261		0.012
										アラマイト（異性体4）	2230	319	185		161		0.008

修订后									(现行)修订前								
aldicarb and aldoxycarb 涕灭威和涕灭氧威	涕灭威(分解物)	899	115*	100*				0.01**	新增								
删除									アルドリン及びディルドリン	アルドリン	1998	293	265	263	261		0.013
删除									イサゾホス	イサゾホス	1815	285	257	172	161		0.005
删除									イソキサジフェンエチル	イソキサジフェンエチル	2328	294	222	204			0.024
删除									イソキサチオン	イソキサチオン	2234	313	285	177	105		0.001
删除									イソフェンホス	イソフェンホス	2064	255	213	121			0.001
										イソフェンホスオキソン	1998	229	201				0.002
isoprocarb 异丙威	isoprocarb 异丙威	1538	删除	136*	删除	121*		0.01	イソプロカルブ	イソプロカルブ	1538	263	136	125	121		0.001
删除									イソプロチオラン	イソプロチオラン	2177	204	290	231	118		0.008
删除									イプロベンホス	イプロベンホス	1845	246	204	91			0.008

修订后									（现行）修订前								
删除									イマザメタベンズメチルエステル	イマザメタベンズメチルエステル（異性体 1）	2160	256	214	187			0.012
										イマザメタベンズメチルエステル（異性体 2）	2164	256	214	187			0.012
imazalil 抑霉唑	imazalil 抑霉唑	2173	215 *	173 *				0.01 * *	新增								
imibenconazole/酰胺唑	删除								イミベンコナゾール	イミベンコナゾール	3187	253	250	125			0.005
	酰胺唑脱苯偶酰体	2216	270	235 *				0.01		イミベンコナゾール脱ベンジル体	2210	270	235				0.023
删除									ウニコナゾールP	ウニコナゾールP	2193	234	165	131			0.004
ES－fenvalerate/ES－氰戊菊酯	ES－fenvalerate/ES－氰戊菊酯(异构体－1)	2953	419 *	167 *	125			0.01 * *	新增								
	ES－fenvalerate/ES－氰戊菊酯(异构体－2)	2983	419 *	167 *	125												

修订后									(现行)修订前								
espro-carb/戊草丹	esprocarb/戊草丹	1968	222 *	162 *	91 *	71		0.01	エスプロカルブ	エスプロカルブ	1965	222	162	新增	新增		0.001
ethalflu-ralin/乙丁烯氯灵	ethalflura-lin/乙丁烯氯灵	1647	316	276 *	292			0.01	エタルフルラリン	エタルフルラリン	1648	316	276	新增			0.003
删除									エチオン	エチオン	2281	231	153				0.004
ethy-chlozate/吲熟酯	ethychloz-ate/吲熟酯	2073	238 *	165 *				0.01	新增								
删除									エディフェンホス	エディフェンホス	2356	310	173				0.019
删除									エトキサゾール	エトキサゾール	2489	330	300	204	141		0.0004
删除									エトフェンプロックス	エトフェンプロックス	2870	376	183	163			0.0004
删除									エトフメセート	エトフメセート	1953	286	207	161			0.02
删除									エトプロホス	エトプロホス	1641	200	158	139			0.011
删除									エトリムホス	エトリムホス	1824	292	277	181			0.008

修订后									(现行)修订前									
删除									エポキシコナゾール	エポキシコナゾール(異性体1)	2341	192	165					0.107
										エポキシコナゾール(異性体2)	2428	194	192	165	138			0.007
endosulfan/硫丹	删除								エンドスルファン	α−エンドスルファン	2152	241	195					0.018
	删除									β−エンドスルファン	2281	241	237	195				0.034
	endosulfan-sulfate/硫丹硫酸酯	2364	422*	387*	272*	239*	229	0.01**		エンドスルファンスルファート	2362	422	387	272	新增	新增		0.004
删除									エンドリン	エンドリン	2262	345	317	281	263			0.042
oxadiazon/恶草酮	oxadiazon/恶草酮	2188	344*	302*	258	175*		0.01	オキサジアゾン	オキサジアゾン	2189	新增	302	258	175			0.002
oxadixyl/恶霜灵	oxadixyl/恶霜灵	2283	163*	132				0.01**	オキサジキシル	オキサジキシル	2280	163	132					0.026
删除									オキシフルオルフェン	オキシフルオルフェン	2198	331	300	302	252			0.043

修订后									（现行）修订前								
删除									オメトエート	オメトエート	1596	156	141	110			0.086
删除									オリザリン	オリザリン	2667	317	275				0.055
2－phenylphenol/邻苯基苯酚	2－phenylphenol/邻苯基苯酚	1531	170 *	141	115 *			0.01	新增								
删除									カズサホス	カズサホス	1692	270	213	159	158		0.015
删除									カフェンストロール	カフェンストロール	2767	188	119	100			0.001
删除									カルフェントラゾンエチル	カルフェントラゾンエチル	2327	340	330	312			0.002
删除									カルボキシン	カルボキシン	2211	235	225	143			0.001
删除									カルボフラン	カルボフラン	1743	164	149				0.016
										カルボフラン(分解物)	1304	164	149				0.005

修订后									(现行)修订前								
quizalofop－ethyl/喹禾灵	quizalofop－ethyl/喹禾灵	2856	372 *	244 *				0.01	新增								
删除									キナルホス	キナルホス	2086	157	156	146	118		0.019
删除									キノキシフェン	キノキシフェン	2347	237					0.001
删除									キノクラミン	キノクラミン	1968	207	172				0.024
quintozene/五氯硝基苯	quintozene/五氯硝基苯	1766	295 *	249	237 *	214	142	0.01	キントゼン	キントゼン	1759	295	新增	237	新增	新增	0.005
删除									クレソキシムメチル	クレソキシムメチル	2201	206	116				0.002
chlozolinate/乙菌利	chlozolinate/乙菌利	2060	331 *	259				0.01＊＊	クロゾリネート	クロゾリネート	2059	331	259				0.003
clomazone/异噁草松	clomazone/异噁草松	1760	204 *	127	125 *			0.01＊＊	クロマゾン	クロマゾン	1761	204	新增	125			0.001
删除									クロルエトキシホス	クロルエトキシホス	1624	263	153				0.002

修订后									(现行)修订前								
chlorthal — dimethyl/氯酞酸甲酯	chlorthal—dimethyl/氯酞酸甲酯	1990	332	301 *	299			0.01	クロルタールジメチル	クロルタールジメチル	1988	332	301	新增			0.0002
chlordane/氯丹	cis—chlordane/氯丹	2150	375	373 *	272	237		0.01 * *	クロルデン	cis—クロルデン	2148	375	373	272	新增		0.0003
	trans—chlordane/氯丹	2123	375	373	272	267		0.01 * *		trans—クロルデン	2121	375	373	272	新增		0.0003
	Oxychlordane/氧化氯丹	2073	389	387 *	237	185	115 *	0.01		新增							
删除									クロルピリホス	クロルピリホス	1982	314	286	197			0.022
删除									クロルピリホスメチル	クロルピリホスメチル	1885	286	125				0.001
删除									クロルフェナピル	クロルフェナピル	2222	408	247				0.016
删除									クロルフェンソン	クロルフェンソン	2169	302	175	111			0.001

修订后									（现行）修订前								
删除									クロルフェンピンホス	クロルフェンピンホス(E)α	2048	323	269	267			0.014
										クロルフェンピンホス(Z)β	2071	323	269	267			0.009
chlorbu-fam/氯炔灵	chlorbufam/氯炔灵	1752	223 *	164	129			0.01	クロルブファム	クロルブファム	1754	223	164	127			0.011
删除									クロルプロファム	クロルプロファム	1660	213	154	127			0.003
删除									クロルベンシド	クロルベンシド	2119	268	127	125			0.002
删除									クロルベンジレート	クロルベンジレート	2261	251	139				0.001
chlor-oneb/氯苯甲醚	chloroneb/氯苯甲醚	1511	208 *	新增	193 *			0.01	クロロネブ	クロロネブ	1513	208	206	193			0.003
删除									シアナジン	シアナジン	1987	225	212				0.016
删除									シアノホス	シアノホス	1781	243	109				0.001

修订后										(现行)修订前								
2,6—Diisopropylnaphthalene	2,6—Diisopropylnaphthalene	1739	212 *	197 *	155				0.01	新增								
删除										ジエトフェンカルブ	ジエトフェンカルブ	1979	267	225				0.006
删除										ジオキサチオン	ジオキサチオン	1770	270	125				0.003
diclocymet/双氯氰菌胺	diclocymet/双氯氰菌胺(异构体—1)	2085	277 *	173					0.01	ジクロシメット	ジクロシメット(異性体1)	2081	277	221				0.015
	diclocymet/双氯氰菌胺(异构体—2)	2118	277 *	173							ジクロシメット(異性体2)	2114	277	221				0.013
删除										ジクロトホス	ジクロトホス	1664	237	193	127			0.005
删除										ジクロフェンチオン	ジクロフェンチオン	1873	279	223				0.001

修订后									(现行)修订前								
diclofop — methyl/禾草灵	diclofop — methyl/禾草灵	2400	340 *	253				0.01	ジクロホップメチル	ジクロホップメチル	2395	340	253				0.003
删除									ジクロラン	ジクロラン	1734	206	176				0.023
删除									1,1—ジクロロ—2,2—ビス(4—エチルフェニル)エタン	1,1—ジクロロ—2,2—ビス(4—エチルフェニル)エタン	2245	224	223	167			0.001
删除									ジコホール	ジコホール	2539	251	139				二
										ジコホール分解物(4,4′—ジクロロベンゾフェノン)	2018	250	139				0.008

修订后									（现行）修订前								
disulfoton/乙拌磷	disulfoton/乙拌磷	1815	274 *	142	88 *			0.01 * *	ジスルホトン	ジスルホトン	1813	274	新增	88			0.001
disulfoton/乙拌磷	删除								ジスルホトン	ジスルホトンスルホン体	2132	213	153				0.004
删除									シニドンエチル	シニドンエチル	3204	358	330				0.003
删除									シハロトリン	シハロトリン(異性体1)	2574	449	197	181			0.038
删除									シハロトリン	シハロトリン(異性体2)	2597	449	197	181			0.012
删除									シハロホップブチル	シハロホップブチル	2581	357	256				0.01
删除									ジフェナミド	ジフェナミド	2026	239	167				0.001
diphenylamine/联苯二胺	diphenylamine/联苯二胺	1635	169 *	168 *	167	77		0.01	新增								

修订后	(现行)修订前								
删除	ジフェノコナゾール	ジフェノコナゾール(異性体1)	3017	323	265				0.005
		ジフェノコナゾール(異性体2)	3025	323	265				0.004
删除	シフルトリン	シフルトリン(異性体1)	2775	226	206	163			0.114
		シフルトリン(異性体2)	2788	226	206	163			0.067
		シフルトリン(異性体3)	2796	226	206	163			0.133
		シフルトリン(異性体4)	2801	226	206	163			0.074
删除	ジフルフェニカン	ジフルフェニカン	2397	394	266				0.007
删除	シプロコナゾール	シプロコナゾール(異性体1)	2234	222	139				0.006
		シプロコナゾール(異性体2)	2238	222	139				0.002

修订后									（现行）修订前								
cyprodinil/嘧菌环胺	cyprodinil/嘧菌环胺	2051	225	224 *	210			0.01	新增								
删除									シペルメトリン	シペルメトリン(異性体1)	2828	181	163				0.055
										シペルメトリン(異性体2)	2842	181	163				0.04
										シペルメトリン(異性体3)	2850	181	163				0.085
										シペルメトリン(異性体4)	2855	181	163				0.042
删除									シマジン	シマジン	1744	201					0.002
删除									ジメタメトリン	ジメタメトリン	2059	255	212				0.001
删除									ジメチルビンホス	ジメチルビンホス(E)	1959	297	295				0.008
										ジメチルビンホス(Z)	1986	297	295	204			0.008

修订后									(现行)修订前								
dimethenamid/二甲吩草胺	dimethenamid/二甲吩草胺(RS体)	1879	230 *	154				0.01	ジメテナミド	ジメテナミド	1875	230	154				0.005
删除									ジメトエート	ジメトエート	1736	125	87				0.033
dimethomorph/烯酰吗啉	dimethomorph/烯酰吗啉(异构体—1)	3107	387 *	301 *				0.01	新增								
	dimethomorph/烯酰吗啉(异构体—2)	3149	387 *	301 *													
删除									シメトリン	シメトリン	1906	213	170				0.001
dimepiperate/哌草丹	dimepiperate/哌草丹	2094	145 *	119 *				0.01	ジメピペレート	ジメピペレート	2093	145	119				0.001
删除									スピロキサミン	スピロキサミン(異性体1)	1896	100					0.001
										スピロキサミン(異性体2)	1949	100					0.001

修订后									(现行)修订前								
删除									スピロジクロフェン	スピロジクロフェン	2690	312	259				0.021
删除									ゾキサミド	ゾキサミド	2428	260	258	187			0.012
										ゾキサミド(分解物)	2094	242	187				0.054
删除									ターバシル	ターバシル	1816	163	161	117			0.013
删除									ダイアジノン	ダイアジノン	1791	304	179	152	137		0.014
di－allate/燕麦敌	di－allate/燕麦敌(异构体－1)	1698	236	234 *	128	86		0.01	ダイアレート	ダイアレート(異性体1)	1697	236	234	新增	86		0.002
	di－allate/燕麦敌(异构体－2)	1716	236	234 *	128	86				ダイアレート(異性体2)	1715	236	234	新增	86		0.006
thiobencarb/禾草丹	thiobencarb/禾草丹	1985	257	125	100 *	72		0.01	チオベンカルブ	チオベンカルブ	1983	257	125	100	新增		0.001
thiometon/甲基乙拌磷	thiometon/甲基乙拌磷	1724	246 *	158	125	88 *	60 *	0.01	チオメトン	チオメトン	1725	246	158	125	88	新增	0.009

修订后	(现行)修订前								
删除	チフルザミド	チフルザミド	2190	449	194				0.001
删除	ディルドリン	ディルドリン	2215	277	263	261			0.023
删除	テクナゼン	テクナゼン	1594	261	203				0.002
删除	テトラクロルビンホス	テトラクロルビンホス	2121	329					0.001
删除	テトラコナゾール	テトラコナゾール	1998	336	171				0.001
删除	テトラジホン	テトラジホン	2536	356	159				0.004
删除	テニルクロール	テニルクロール	2384	288	127				0.001
删除	テブコナゾール	テブコナゾール	2397	250	125				0.006
删除	テブフェンピラド	テブフェンピラド	2505	333	318				0.002

修订后									(现行)修订前								
tefluth-rin/七氟菊酯	tefluthrin/七氟菊酯	1816	383	197	177 *			0.01	テフルトリン	テフルトリン	1816	383	197	177			0.003
删除									デメトン－S－メチル	デメトン－S－メチル	1627	142	109				0.017
删除									デルタメトリン	デルタメトリン	3056	253	181				0.02
删除									テルブトリン	テルブトリン	1945	226					0.001
删除									テルブホス	テルブホス	1783	288	231	153			0.007
删除									デルタメトリン	トラロメトリン	3066	253	181				0.23
删除									トリアジメノール	トリアジメノール(異性体1)	2088	168	128	112			0.009
										トリアジメノール(異性体2)	2104	168	128	112			0.003

修订后									（现行）修订前								
triadimefon/三唑酮	triadimefon/三唑酮	2002	210	208 *	181			0.01 * *	トリアジメホン	トリアジメホン	1999	新增	208	新增			0.006
删除									トリアゾホス	トリアゾホス	2310	257	161				0.011
删除									トリアレート	トリアレート	1827	268					0.001
tricyclazole/三环唑	tricyclazole/三环唑	2182	189 *	162 *	161			0.01 * *	トリシクラゾール	トリシクラゾール	2185	189	162	161			0.045
删除									トリデモルフ	トリデモルフ	二	128					0.031
删除									トリブホス	トリブホス	2193	169					0.001
triflumizole/氟菌唑	triflumizole/氟菌唑代谢物	1757	201 *	167 *				0.01 * *	新增								
删除									トリフルラリン	トリフルラリン	1663	306	264				0.008
删除									トリフロキシストロビン	トリフロキシストロビン	2336	116					0.002

修订后									（现行）修订前								
删除									トルクロホスメチル	トルクロホスメチル	1899	267	265				0.001
删除									トルフェンピラド	トルフェンピラド	3106	383	171				0.032
删除									2−(1−ナフチル)アセタミド	2−(1−ナフチル)アセタミド	1947	185	141				0.005
删除									ナプロパミド	ナプロパミド	2165	271	128	72			0.02
nitrothal — iso-propyl/酞菌酯	nitrothal — isopropyl/酞菌酯	2007	254 *	236 *	212	194		0.01	ニトロタールイソプロピル	ニトロタールイソプロピル	2009	254	236	212	新增		0.003
删除									ノルフルラゾン	ノルフルラゾン	2348	303	173	145			0.006
删除									パクロブトラゾール	パクロブトラゾール	2128	236	167	125			0.002

修订后	(现行)修订前								
删除	パラチオン	パラチオン	1994	291	261	235			0.007
删除	パラチオンメチル	パラチオンメチル	1896	263	233	125			0.005
删除	ハルフェンプロックス	ハルフェンプロックス	2841	265	263	183			0.021
删除	ピコリナフェン	ピコリナフェン	2483	376	238				0.013
删除	ピテルタノール	ピテルタノール(異性体1)	2695	268	170	168			0.001
		ビテルタノール(異性体2)	2710	268	170	168			0.006
删除	ビフェノックス	ビフェノックス	2515	341	310				0.044

修订后									（现行）修订前								
删除									ビフェントリン	ビフェントリン	2468	181	166				0.001
piperonyl-butoxide/增效醚	piperonyl-butoxide/增效醚	2413	删除	176 *	149 *			0.01**	ピペロニルブトキシド	ピペロニルブトキシド	2409	177	176	149			0.001
删除									ピペロホス	ピペロホス	2486	320	140	84			0.026
删除									ピラクロホス	ピラクロホス	2660	360	194				0.011
删除									ピラゾホス	ピラゾホス	2622	232	221				0.076
删除									ピラフルフェンエチル	ピラフルフェンエチル	2355	412	349				0.003
删除									ピリダフェンチオン	ピリダフェンチオン	2455	340	199	97			0.092
删除									ピリダベン	ピリダベン	2731	309	147				0.01

修订后									(现行)修订前								
删除									ピリフェノックス	ピリフェノックス(E)	2122	262	187	171			0.003
										ピリフェノックス(Z)	2068	262	187	171			0.004
pyributicarb/稗草丹	pyributicarb/稗草丹	2438	181	165 *	108	93		0.01	ピリブチカルブ	ピリブチカルブ	2436	181	165	108	新增		0.001
pyriproxyfen/吡丙醚	pyriproxyfen/吡丙醚	2582	226 *	136 *				0.01	ピリプロキシフェン	ピリプロキシフェン	2574	226	136				0.001
删除									ピリミノバックメチル	ピリミノバックメチル(E)	2350	302	259	173			0.001
										ピリミノバックメチル(Z)	2255	302	256				0.003
删除									ピリミホスメチル	ピリミホスメチル	1940	305	290				0.001
删除									ピリメタニル	ピリメタニル	1801	199	198	183			0.002
删除									ピレトリン	ピレトリンI	2314	133	123				0.035
										ピレトリンII	2615	161	160				0.117

修订后									（现行）修订前								
pyro-quilon/咯喹酮	pyroquilon/咯喹酮	1801	229 *	214	173 *	删除	130	0.01	ピロキロン	ピロキロン	1797	新增	新增	173	144	130	0.013
vinclozo-lin/乙烯菌核利	vinclozolin/乙烯菌核利	1893	285 *	212	198	187	178	0.01	ビンクロゾリン	ビンクロゾリン	1890	285	新增	新增	187	新增	0.003
删除									フィプロニル	フィプロニル	2052	369	367	351			0.004
删除									フェナミホス	フェナミホス	2154	303	217	154			0.084
删除									フェナリモル	フェナリモル	2629	219	139				0.002
删除									フェニトロチオン	フェニトロチオン	1946	277	260				0.004
删除									フェノキサニル	フェノキサニル	2240	293	189				0.008
fenoxa-prop 一 ethyl/恶唑禾草灵	fenoxaprop 一 ethyl/恶唑禾草灵	2675	361 *	288 *				0.01 * *	新增								

修订后									（现行）修订前								
删除									フェノチオカルブ	フェノチオカルブ	2136	160	72				0.017
fenobucarb/仲丁威	fenobucarb/仲丁威	1610	150 *	121 *				0.01	新增								
删除									フェノトリン	フェノトリン（異性体 1）	2531	183	123				0.079
										フェノトリン（異性体 2）	2545	183	123				0.03
删除									フェンアミドン	フェンアミドン	2499	268	238				0.019
删除									フェンクロルホス	フェンクロルホス	1919	287	285				0.001
删除									フェンスルホチオン	フェンスルホチオン	2265	308	293	156			0.008
删除									フェンチオン	フェンチオン	1987	278	169				0.0004

修订后									(现行)修订前								
删除									フェントエート	フェントエート	2078	274	246				0.002
删除									フェンバレレート	フェンバレレート(異性体1)	2959	419	167	125			0.099
										フェンバレレート(異性体2)	2989	419	167	125			0.159
删除									フェンブコナゾール	フェンブコナゾール	2782	198	129				0.016
删除									フェンプロパトリン	フェンプロパトリン	2498	349	265	181			0.013
fenpropi-morph/丁苯吗啉	fenpropi-morph/丁苯吗啉	1995	303	129	128*	删除		0.01**	フェンプロピモルフ	フェンプロピモルフ	1995	新增	129	128	70		0.001
删除									フサライド	フサライド	2021	272	243				0.005
删除									ブタクロール	ブタクロール	2129	176	160				0.001
删除									ブタミホス	ブタミホス	2145	286	200				0.004

修订后	（现行）修订前								
删除	ブピリメート	ブピリメート	2202	273	208				0.006
删除	ブプロフェジン	ブプロフェジン	2205	172	105				0.003
删除	フラムプロップメチル	フラムプロップメチル	2195	276	105	77			0.002
删除	フリラゾール	フリラゾール	1743	262	220				0.006
删除	フルアクリピリム	フルアクリピリム	2289	204	190	189	145		0.01
删除	フルキンコナゾール	フルキンコナゾール	2729	340	108				0.008
删除	フルジオキソニル	フルジオキソニル	2169	248	154	127			0.012
删除	フルシトリネート	フルシトリネート（異性体1）	2844	451	199	157			0.005
		フルシトリネート（異性体2）	2871	451	199	157			0.007

修订后	(现行)修订前								
删除	フルチアセットメチル	フルチアセットメチル	3240	405	403				0.021
删除	フルトラニル	フルトラニル	2161	323	173				0.001
删除	フルトリアホール	フルトリアホール	2157	219	201	164	123		0.016
删除	フルバリネート	フルバリネート(異性体1)	2964	252	250				0.008
		フルバリネート(異性体2)	2973	252	250				0.009
删除	フルフェンピルエチル	フルフェンピルエチル	2245	408	335				0.001
删除	フルミオキサジン	フルミオキサジン	2950	354	287				0.021
删除	フルミクロラックペンチル	フルミクロラックペンチル	3080	423	308				0.01

修订后									(现行)修订前								
fluridone/氟啶草酮	fluridone/氟啶草酮	2908	新增	328 *	310 *			0.01	フルリドン	フルリドン	2903	329	328	310			0.011
删除									プレチラクロール	プレチラクロール	2174	262	238	162			0.001
删除									プロシミドン	プロシミドン	2088	283	212	96			0.019
删除									プロチオホス	プロチオホス	2170	309	267				0.001
propachlor/毒草胺	propachlor/毒草胺	1613	176 *	169	136	120 *		0.01	プロパクロール	プロパクロール	1612	176	新增	新增	120		0.007
propazine/扑灭津	propazine/扑灭津	1762	229 *	214 *	201 *	删除	167	0.01	プロパジン	プロパジン	1759	229	214	新增	172	新增	0.043
propanil/敌稗	propanil/敌稗	1874	217 *	删除	161 *			0.01	プロパニル	プロパニル	1876	217	163	161			0.013
删除									プロパホス	プロパホス	2114	304	220				0.001
删除									プロパルギット	プロパルギット(異性体 1)	2398	135	107				0.044
										プロパルギット(異性体 2)	2403	173	135	107			0.044

修订后									(现行)修订前							
删除									プロピコナゾール	プロピコナゾール(異性体1)	2346	302	259	256	173		0.006
										プロピコナゾール(異性体2)	2360	259	173				0.005
propy-zamide/炔苯酰草胺	propy-zamide/炔苯酰草胺	1787	255*	240	175	173*	145	0.01**	プロピザミド	プロピザミド	1786	新增	新增	175	173	145	0.017
删除									プロヒドロジャスモン	プロヒドロジャスモン(異性体1)	1814	184	153				0.023
										プロヒドロジャスモン(異性体2)	1844	184	153				0.196
删除									プロフェノホス	プロフェノホス	2184	339	337	139	97		0.063
删除									プロポキスル	プロポキスル	1610	152	110				0.004
删除									ブロマシル	ブロマシル	1954	231	205				0.002

	修订后								(现行)修订前							
prome-tryn/扑草净	prometryn/扑草净	1921	241	226	184 *			0.01	プロメトリン	プロメトリン	1919	241	226	184		0.017
bro-mobutide/溴丁酰草胺	删除								ブロモブチド	ブロモブチド	1887	232	119			0.003
	bromobutide/溴丁酰草胺代謝物(deBr — bromobu-tide/溴丁酰草胺)	1694	233 *	120	119 *			0.01		新增						
	删除								ブロモプロピレート	ブロモプロピレート	2481	341	183			0.004
	删除								ブロモホス	ブロモホス	2026	331	125			0.002
bro-mophos — ethyl/乙基溴硫磷	bromophos — ethyl/乙基溴硫磷	2114	359 *	303 *				0.01	ブロモホスエチル	ブロモホスエチル	2109	359	303			0.002
hexacon-azole/已唑醇	hexacon-azole/已唑醇	2170	214 *	175				0.01 * *	ヘキサコナゾール	ヘキサコナゾール	2172	214	175			0.002

修订后									(现行)修订前								
删除									ヘキサジノン	ヘキサジノン	2380	252	171	128			0.004
删除									ベナラキシル	ベナラキシル	2334	206	148				0.002
benoxacor/解草嗪	benoxacor/解草嗪	1856	259 *	120 *				0.01	ベノキサコル	ベノキサコル	1853	259	120				0.003
hepta-chlor/七氯	heptachlor/七氯	1921	337 *	272 *	237	100		0.01	ヘプタクロール	ヘプタクロール	1922	337	272	新增	100		0.001
	删除									ヘプタクロールエポキシド	2080	353	81				0.048
	Hepta-chlorepoxide/环氧七氯(异构体A)	2082	353 *	253 *	217 *	183 *	81	0.01		新增							
	Hepta-chlorepoxide/环氧七氯(异构体B)	2074	357	353 *	263	253	81	0.01		新增							

修订后									(现行)修订前								
删除									ペルメトリン	ペルメトリン(異性体1)	2711	183	163				0.012
										ペルメトリン(異性体2)	2728	183	163				0.011
penconazole/戊菌唑	penconazole/戊菌唑	2062	248 *	161 *	159			0.01 * *	ペンコナゾール	ペンコナゾール	2060	248	新增	159			0.001
pendimethalin/二甲威灵	pendimethalin/二甲威灵	2048	281 *	252 *	220	162	161	0.01 * *	ペンディメタリン	ペンディメタリン	2046	281	252	新增	新增	新增	0.002
删除									ベンフルラリン	ベンフルラリン	1668	292	264				0.002
benfuresate/呋草黄	benfuresate/呋草黄	1876	256 *	163 *				0.01	ベンフレセート	ベンフレセート	1871	256	163				0.003
删除									ホサロン	ホサロン	2555	367	182				0.003
boscalid/啶酰菌胺	boscalid/啶酰菌胺	2834	342 *	140 *				0.01	新增								

修订后	(现行)修订前								
删除	ホスチアゼート	ホスチアゼート(異性体1)	2027	283	195				0.043
		ホスチアゼート(異性体2)	2032	283	195				0.047
删除	ホスファミドン	ホスファミドン	1870	264	127				0.043
删除	ホスメット	ホスメット	2480	161	160	133			0.017
删除	ホルモチオン	ホルモチオン	1855	126	125				0.008
删除	ホレート	ホレート	1703	260	231	121	75		0.008
删除	マラチオン	マラチオン	1963	173	158				0.002
删除	ミクロブタニル	ミクロブタニル	2198	179	152	150			0.015

修订后									（现行）修订前								
mecarbam/灭蚜磷	mecarbam/灭蚜磷	2072	329*	296*	159	131*	97*	0.01**	メカルバム	メカルバム	2070	新增	新增	159	131	新增	0.011
metalaxyland-mefenoxam/甲霜灵及精甲霜灵	删除								メタラキシル（異性体：メフェノキサム）	メタラキシル（異性体：メフェノキサム）	1915	249	234	220	206		0.006
	mefenoxam/精甲霜灵	1917	249*	206				0.01**		新增							
删除									メチダチオン	メチダチオン	2115	302	145	85			0.009
methoxychlor/甲氧滴滴涕	methoxychlor/甲氧滴滴涕	2496	删除	删除	227*	212*		0.01	メトキシクロル	メトキシクロル	2495	274	228	227	212		0.004
删除									メトプレン	メトプレン	2097	175	153	111			0.022
删除									メトミノストロビン	メトミノストロビン(E)	2169	238	196	191			0.005
										メトミノストロビン(Z)	2212	238	196	191	166		0.01

修订后									(现行)修订前								
metola-chlor/异丙甲草胺	删除								メトラクロール	メトラクロール	1975	238	162				0.001
	S−metolachlor/异丙甲草胺	1975	238 *	162 *				0.01		新增							
	metribuzin/嗪草酮	1890	198 *	144 *				0.01		新增							
删除									メビンホス	メビンホス	1424	192	164	127			0.008
删除									メフェナセット	メフェナセット	2588	298	192	120			0.002
删除									メフェンピルジエチル	メフェンピルジエチル	2427	299	271	253			0.011
删除									メプロニル	メプロニル	2308	269	119				0.001
删除									モノクロトホス	モノクロトホス	1679	192	164	127			0.048
删除									リンデン(γ−BHC)	リンデン(γ−BHC)	1779	219	183	181			0.011

修订后									(现行)修订前								
res-methrin/苄呋菊酯	resmethrin/苄呋菊酯(异构体—1)	2400	171 *	143	123 *			0.01 * *	レスメトリン	レスメトリン(異性体—1)	2398	171	143	123			0.012
	resmethrin/苄呋菊酯(异构体—2)	2415	171 *	143	123 *					レスメトリン(異性体—2)	2414	171	143	123			0.003
删除									レナシル	レナシル	2359	153	136	110			0.002
1)分析对象物按照日语五十音符顺序表示,但是需要注意部分项目基准值中包含本方法无法应对的代谢物。且保留时间不一致的异构体按保留时间的顺序表示。									按化合物名称的五十音符顺序表示,异构体按保留时间的顺序表示。								
2)保持指标以正烷烃的保留时间为基准的值,表示测试机构的平均值。									保持指标以正烷烃的保留时间为基准的值,表示 2 个机构所得值的平均值。								
3)主要离子中各机构作为定量使用的离子标记『 * 』									测定离子中黑斜体字表示定量离子,其他为定性离子。								
4)添加浓度 0.01 ppm 的添加回收试验中的添加回收样品中的分析对象物峰的 S/N,至少在一种食品中大于 10 的时候,定量下限设定为 0.01 mg/kg。添加浓度 0.01 ppm 的添加回收试验中灭有结果时,基质添加标准溶液相当于样品中 0.01 mg/kg 的分析对象物峰的 S/N,至少在一种食品中大于 10 的时候,定量下限的推定值设定为 0.01 mg/kg,并加注了『 * * 』。									检出限为将 2μL 标准溶液注入 GC/MS 中所得的 S/N=10 的值,表示 2—3 个机构所得值中的最小值。按照本法制备水果或蔬菜试验溶液,注入 2 μL 于 GC/MS 中时,0.08ng 相当于样品中的 0.01 mg/kg。								

2. ～12.(略) (略)

2. ～12.(略) (略)

第 3 章个别试验法 (略)

第 3 章个别试验法 (略)